U0681185

做一个通透的女子

：理解复杂，选择简单

朵娘 著

天津出版传媒集团

天津人民出版社

图书在版编目（CIP）数据

做一个通透的女子：理解复杂，选择简单 / 朵娘著
. -- 天津：天津人民出版社，2017.10
ISBN 978-7-201-12329-5

Ⅰ.①做… Ⅱ.①朵… Ⅲ.①女性 – 人生哲学 – 通俗读物
Ⅳ.① B821–49

中国版本图书馆CIP数据核字（2017）第208943号

做一个通透的女子：理解复杂，选择简单

ZUO YIGE TONGTOU DE NVZI：LIJIE FUZA,
XUANZE JIANDAN

出　　版　天津人民出版社
出 版 人　黄　沛
地　　址　天津市和平区西康路35号康岳大厦
邮政编码　300051
邮购电话　（022）23332469
网　　址　http://www.tjrmcbs.com
电子邮箱　tjrmcbs@126.com

责任编辑　王昊静
策划编辑　韩成建
装帧设计　仙境书品

制版印刷　北京富泰印刷有限责任公司
经　　销　新华书店
开　　本　880×1230毫米　1/32
印　　张　10
字　　数　150千字
版次印次　2017年10月第1版　2017年10月第1次印刷
定　　价　36.80元

版权所有　侵权必究
图书如出现印装质量问题，请致电联系调换（022-23332469）

目录 / CONTENTS

第一章

你要世俗地活着，才有不俗的未来

第二章 你从来不缺经历，
缺的是应付这个世界的手段

第三章　人生没有白走的路，每一步都算数

第四章　只想和你过好这一生

第五章

愿你见过生活凌厉，依然内心向暖

第六章

留住所有时间

变美好

你要世俗地活着，

才有不俗的未来

第一章

三十几岁还一事无成的你，要认怂吗

"活到50岁，我只剩下勇气。"

这句话是电影监制李烈说的，它就像是红桂飘散在空中的香气，让人忆起遥远的人和事。

01

大学时，我曾经做过家教，这期间教过不少孩子。其中，有一个特别调皮的男孩，我们认识只有几天，他就开口问我："姐姐，你看我是不是很帅？你喜欢我吗？"

男孩的妈妈说："这孩子特别淘气，已经换了好几个家教了，我又实在太忙，还得辛苦您多点儿耐心帮我教导他，孩子没坏心，就是皮了点，老师你多担待。"

男孩的个子比我还高一些，因为他的皮肤很白，于是我就叫他小白。小白的妈妈独自抚养小白，又在学校周边开了两家火锅店，所以特别忙。

每天，小白妈妈不到凌晨四点就出门了，中间会抽空回来送小白上学，忙到深夜才能回家。用小白的话来说："我妈妈根本就没空陪我，她总是在忙着挣钱。"

每次见到小白，他身上穿的都是名牌，读的是最好的学校，上的业余培训班也是顶尖的。

我开导他："你看，你妈妈一个人抚养你，送你上学，也非常不容易啊，你得多体谅她。"

小白说："我体谅她啊，我不希望她挣那么多钱，不希望她那么辛苦，挣钱的事以后交给我就好了。所以，我赶走了一个又一个家教，但妈妈总有办法找到下一个，我也是醉了。"

我把小白的话转述给了小白妈妈，她听后眼睛通红，但没有流泪。看得出，这是一位非常坚强能干而且自律性非常强的女人。

小白妈妈说："年轻时，我非常任性放纵，不听父母的话，在没有结婚的情况下就生下了小白。但生下小白后，小白的爸爸却消失了。

我当时想，老娘就是掘地三尺也要把那个负心汉给揪出来，让他对我们负责。

那段时间我过得非常惨，差不多有六年，我没有工作，花着父母的钱，在一座又一座城市里穿梭。

但找呀找，一直到小白六岁，我三十岁，我都没有找到那个负心汉，他就像从人间蒸发了一样。三十岁，我的人生如幽暗森林，惨淡无光，没钱、没存款、没技术，还拖着一个孩子和渐渐老去的父母。"

小白妈妈停顿了很长时间，似乎是在回忆过往，又似乎是在酝酿未来。

"我当时想，我不能在怨恨里过一辈子，也不能带着小白回去啃老。所以，我就骗父母说，已经找到小白的爸爸了，我们要过去团圆。然后，一咬牙，我带着小白来到了这座城市。

当时，我身上只有两千块钱，安排好住宿后，根本就没办法解决小白的读书问题。我只能拼命找工作，最忙的时候，我有四份工作，白天一份，晚上去酒店帮忙洗盘子，还有几份钟点工。

那段时间，小白跟着我吃了些苦，我非常内疚，下定决心，一定要赶紧挣钱，让小白和父母享福。所以，等我一凑够小白的学费，就先把他送去了附近的一个学校，然后就开始争分夺秒地工作。

没日没夜工作的日子差不多持续了三年。后来，我和别人合伙开了家饭馆，挣了点钱，但没过多久又闹起了纠纷。于是我就干脆自己出来开店，经过几年的努力，现在终于干出了点眉目。"

说到这，她脸上不自觉地漾起笑意："我一刻都不敢放松，我要把之前浪费的时光找回来，孩子的事情，能自己来的我尽量自己来，其他统统外包。可是再怎么争分夺秒，还是追不上孩子长大和父母衰老的速度。"

02

想起史铁生的一句话："三十岁时，我的第一篇小说发表了，母亲却已不在人世。过了几年，我的另一篇小说又侥幸获奖，母亲已经走了整整七年。"

有时候，我们成功的速度赶不上亲人老去的速度，也追不上我们长大嫁娶的速度。但我们要服软认怂吗？

我的好朋友小羽，即将奔三，但依然还单着，她父母拼命打电话催她回去相亲嫁人，并恐吓她说，要来把她绑回去。

小羽有着自己的计划，她说，这几年自己也存了点钱，已经攒够上北京某古筝学院的学费，是时候去追梦了。

她是个行动派，一个月后辞职奔赴了北京。

此前，她是一边工作一边自学古筝。但她认为，古筝这门乐器需要接受系统化的教学，才能让自己的技艺更加炉火纯青。

小羽的父母对此非常生气，但事已至此，也只能由她去了。

小羽在北京学习了两年，就拿到了古筝方面的所有证书。她说："这两年，我每天都勤修苦练，只差没有头悬梁锥刺骨了。因为是兴趣爱好，往往练过头而不自知。"

她在学古筝的过程中，揣摩过多家培训机构的经营模式和营销方法，而且她也在一些培训机构打过短工，所以她学成归乡后，开了个古筝工作室。短短半年，她的工作室就红火了起来。

这时候，她父母后悔了："早知道你这丫头这么倔，我们就早点支持你好了，又不缺那点钱。本以为不给你学费，你就会认怂，放弃这些不靠谱的追求，早些嫁人。没想到你竟然边工作边学琴，依然不改初心。如果我们早点支持你，说不定你早就在实现梦想后嫁人了。唉……"

小羽打趣道："你们这是说我追梦的速度赶不上嫁人的速度吗？嫁人着什么急，分分钟的事儿。但梦想一等再等，就真成黄粱美梦了。"

03

很多女性，包括我自己，当懒癌犯的时候，我们会以婚姻、孩子为借口，躲进温室里，将人生的无限可能拒之门外。然后日复一日，直到将自己的梦想耗尽。

虽然我们也不甘心，不满意，想踮起脚尖去看世界，却一直没有勇气。想改变，又不知道该从何做起，总觉得力不从心。

周国平写过一句话："群体性的懒惰是阻碍个性发展的最大阻力。"

躲在婚姻里、家庭里，若你的爱人也不是一个进取的人，或者说他是一个随遇而安的人，那这就成了抱团偷懒。这个家庭的小宇宙，看似是"岁月静好"，但如果将其搁置到社会的大风浪里，它是承载不起这样的"岁月静好"的。

不要一遇到挫折就觉得自己没天赋，没希望，更不要妄自菲薄。

首先，我们要让自己从舒适区里走出来，这需要高度自律。

比如说，冬日里的早起，当闹钟响起的时候，我们会习惯性地关掉它继续睡，因为被子里面真的很温暖，而被子外却寒气逼人。人会条件反射地贪图这个舒适区，继续赖床，往往睡到日上三竿。但自律性强的人，早已起床读了半本书，写了一篇文章……

自律的人，都有铁一样的意志，军人般的自我约束，或多或少保持着清教徒式的生活方式。

苹果公司CEO蒂姆·库克，从凌晨四点半开始发邮件，然后去健身房锻炼身体；马克·扎克伯格每天跑步一英里，除此之外，他每个月还要读两本书，坚持学中文。严歌苓30年来坚持每天坐在书桌前写作六七个小时，从早上9点到下午4点。在开始创作的时候，经常很多天都不睡觉。

……

第二，过滤掉生活中的一地鸡毛所带来的负面情绪。

我的实践经验是：与其长久地沉浸在负面情绪里，不如及时消化它。比如，被孩子搞得焦头烂额时、被拒稿时，我会转移自己的注意力，让自己认识到，这是通往理想的必经之路，然后用开放的心态去释放它。

我尽量不让自己把时间浪费在负面情绪里，减少纠结犹豫的时间，及时以清零的心态开始另一波奋斗。

我比较赞同日本的一个生了五个孩子的女医生的说法：每个走入婚姻的女人，身份都是多重的，既是妈妈，媳妇，老婆，又是员工。与其总是在身份中间做选择，或者总是放弃自己的理想，总是负能量满腔，倒不如做多项选择，同时开工，然后包容自己的不完美。

虽然有人说，你什么都要抓，什么都不精，说不定最后都是一场空。其实也不完全对。在一开始，我们不需要将事情做得非常完美，如果能全面，即使不完美，也是可以的。时间久了，一样也会精进。

第三，行动，行动，马上行动，用目标和执行计划拆解自己的理想。

首先要有自己的人生框架，然后马上行动。

人生过着过着就特别容易随波逐流，因为下坡路轻松好走。但是，如果我们认怂，一点一点地被生活磨去棱角，渐渐地，我们就会变成自己曾经讨厌的那种人。

那就像是淹没在市井里的，那些大大小小的麻将馆里的没日没夜搓麻将的中青年们。这些人的面孔我总是记不住，似乎千人一面，也许就是因为精神的早衰和个性的夭亡，使得他们都变成了无面人，但愿我们不要成为这样的人。

最后一点，说到底，技巧之类的都是可以随着岁月流逝与日俱增的，但心态却是根本。修炼心理，克服惰性，多给自己机会，学会适当的"丢人"，这样，人生的困局才会迎刃而解。

喜欢什么，想过什么样的生活，不管是已婚还是未婚，不管是二十几岁，三十几岁，还是四十几岁，都请开始行动吧！

真正厉害的女人，必是刚柔并济

小时候看电视，最爱看女扮男装的角色，穿着男装的女人对着身边的姑娘深情且戏谑地一笑，霸气外露，又风情万种。

我们要探讨的刚柔并济，不是皮相上而是心理上的，指同时兼备男性和女性的魅力的强大女人。

01

柏拉图说："人本来是刚柔并济的，终其一生，我们都在寻找缺失的那一半。"

但何必如此麻烦，与其寻找等待，还不如让自己修得缺失的另一半的精气神，完成刚与柔的合璧。

天海佑希，可男，可女，可柔软，可刚强，这是天海佑希的成长元素。

1967年，天海佑希出生于日本东京，她自幼就梦想做一名女演员，所以她不停地往演员方向发展，不放过任何一个提升自己的机会。

中学时，天海加入了热爱的戏剧部，每天放学都在芭蕾教室勤学苦练，并且从未间断。后来，天海以第一名的成绩考入宝冢音乐学校，那是天海佑希梦想开始的地方。

1987年，20岁的天海从宝冢音乐学校毕业后，加入了宝冢歌剧团。她有着女性的勤奋细腻，又有着男性的坚忍刚强，天赋惊人的她，仅用了6年零4个月的时间，便成了新人公演的主演。

然而，她并未打算稳坐人生赢家的宝座，而是在人身巅峰的时候宣布了惊人的消息："今后还不确定会如何发展，不应该这样耗着大家。如果日后在某个地方见到我的身影，请到时再为我加油。"随后退团，解散了粉丝会。

尽管遭人非议，但她却表现得理智而坚定，对自己的人生追求非常明确，她说："不要成为别人的复制品，不要被他人影响，不要将自己局限在某一个角落，因为世界不是只有一个价值观，生活的方式不是只有一种，路非常宽广。"

28岁时，在事业顶峰急流勇退，她从零开始接演电视剧，道路曲折，一直都没能大放异彩。直到38岁那年，天海佑希才开始大红，获日剧"女王"的称号。而这时，已经过去了十年。

少年得志，却甘愿转舵用十年磨一剑，实属大勇；能够坚持突破自我，尝试不同角色，实属大智。

《伪装夫妇》杀青时，天海佑希对自己说："天海佑希，48岁，尽了最大的努力。"

这努力带来的成果是，所演角色深入人心，连续七年被评为日本女性心目中最理想的女上司；完全看不出年龄的冻龄女神。

在她身上，不少人看到了自己想要成为的样子。

狄娜，她的成长涉足有文艺、影视、政坛、军火、航天……乍一听，像是黑道老大们干的事。但她却只是一个漂亮的女人。

狄娜出生于广东兴宁，原名梁帼馨，自小好学，是学霸校花，少时就敢于反叛不公。曾因老师的错误扣分，潇洒离校。

狄娜有很强大的女性魅力，那个年代的许多名人、老板、导演、诗人、有钱人、有权势的人都是她的裙下之臣。她是成熟男性的心理专家，完全能掌握他们需要什么，也知道如何抓住这一优势带来的机会。比如，她邂逅了当时的泰国总理的弟弟，汤顿。汤顿为博美人欢心，使尽招数：为狄娜提供拍电影的机会、让她掌管财政大权。她跟着汤顿学习金融课程，积累政要人脉，并赚得第一桶金。

狄娜说："我只是负责管理，最重要的是，只要有一个人肯给你管钱，其他人也会给你管钱，除了泰国，还有许多其他的机会。"

狄娜的智识与胆量让她追求更多，不只是财富，她还窃取情报。从此，她有了中国第一女间谍的标签。

3年后，她再次转向，离开泰国，到香港转拍风月片，一炮而红，成为当时全香港人的女神。但在其事业的巅峰期，她却选择了嫁人。对于她来说，女人需要有婚姻，需要孩子。

她为人侠义心肠，却被人"诱骗"导致在屏幕上春光大泄，成为一代艳星。这让狄娜愤怒不已，她深知自己的女性魅力，却更珍惜自己的身体。所以她从此收山，再也没有拍过电影，却开启了她传奇的下半生——从艳星、间谍灵活切换到了中国卫星导航之母、史上最性感的"军火商"。

她用了不到4年的时间就还清了70万的债务。之后，跻身商界，战绩喜人，从事航天科技和卫星发射；成功使卫星导航系统输入到全世界52个飞机场；参与研究欧盟发展的伽利略全球卫星导航定位系统，抗衡美国技术霸权。

周迅，绰号周公子，古灵精怪、灵气十足，很多时候她又有男儿的爽朗率性和低眉侧目中的干净利落。

迅哥，既有天分又勤奋，出道25年，周迅演什么像什么，驰骋影坛，牡丹的挣扎绝望、孙纳的率真又世故、小唯的妖媚炽烈、九儿的俏皮泼辣……总之，其所演角色，既能柔情似水，心思细腻，媚倒众生，又能气场强大，派头十足。

014

而她本人更刚柔并济的，虽身材娇小，但那一头气质短发，和那霸气的眼神，流露出她那傲视一切的骄傲和敢爱敢恨的洒脱气质，犹如她所扮演的凌雁秋，一身侠气，仗剑孤影行江湖。

02

她们既能铁骨铮铮、霸气凌厉不输男子，也能柔情似水爱自己，细细琢磨，发现她们都有共同的特征：

1.既能细嗅蔷薇，又能释放猛虎。

心理学大师荣格说："在男人伟岸的身躯里，其实生存着阴柔的女性原型意象——阿尼玛；同样，在女人娇柔的灵魂中，也隐藏着刚毅的男性原型意象——阿尼姆斯。"

"狄娜"们在气质上既具有女性的柔弱，又具有男性的刚强。她们女性特征鲜明，比如漂亮、聪明，又巧妙地揉进了男性的优点，比如刚强、坚定。在面对每一处人生弯道，每做一个决定时，不是站在单一性别立场，而是调动双性格思考模式。

2.在男性思维和女性思维之间切换自如。

柯勒律说："伟大的脑子是雌雄同体的。"

以莎乐美为例，她身上就具有这种与生俱来的雌雄同体气质，她既是邻家少女，又是铁汉子。

她乐观、自信、充满活力，也理性、坚定，拥有自己的思想体系。

她的思想总能引起共鸣，似乎天生就具有创造性，能没有障碍地传达情感，并诞生光辉绚丽的思想产物。让哲学大师尼采、诗人里尔克、弗洛伊德着迷不已。

然而，她绝不会让自己成为这些大师的附属品，她拥有一个丰富的精神世界，精通数国语言，在文学、哲学和心理学领域颇有建树；她始终保持独立，不断求知，热爱自由，勇敢去爱，达到了一个女性、更是一个人能够达到的最好的生活状态。

3.具有双性心理，展现阴阳平衡型性格。

周国平说："最优秀的男女都是雌雄同体的，他们往往集两性优点于一身。如果没有另一性别的特质，你就会觉得这个人有缺憾，男人只刚不柔，你会觉得他生硬，女人只柔不刚，你会觉得她软弱。"

例如全智贤、贝嫂等，她们用女性的细腻思维爱自己，用拿破仑般的男性思维面对这个世界。所以她们既能杀伐决断，又能岁月静好，温柔似水。

她们在外是钢铁侠，对内是白蛇精。她们深处江湖是怒目金刚，独处放松时是低眉菩萨。

4.心灵结构装上了一套双系统。

伍尔夫说："我们每一个人都由两种力量在统辖着，一种是男性的，一种是女性的；在男人的头脑里，男人胜过女人，在女人的头脑里，女人胜过男人。正常而又舒适的存在状态，就是在这二者共同和谐地生活、从精神上进行合作之时。"

当心灵结构配上双系统，则既能像男人一样控制情绪，又能像女人一样毫不迟疑地追随直觉，思考力、判断力、意志力以及解决问题的能力都能提升到更高维度。

人生最痛苦的不是失败，而是我本可以

01

那些非常努力且早熟的姑娘们，背后大多有着不为人知的心酸。

叶子就是这样的姑娘之一。她长发及腰，喜欢戴蓝色发夹，就像民国时代的女孩儿。嘴甜、嗓门大、脚步快、热心肠，是我对她的第一印象。马屁精、第三者，从前台爬到督导经理的心机女人，则是老同事给她贴的标签。

刚到公司那会，我会很热情地和她打招呼，但听多了她的故事，便在潜意识里也有冷落她的意思。

但姑娘还是那个姑娘啊，她身上永远洋溢着力量。一场模特秀，她与我共事，从台前到幕后，她表现得非常出色，办事细心、到位，与嘉宾沟通得体大方，流程细节也能把控得非常好，且关键处坚持亲力亲为。我要是老板，当然也会喜欢这样的员工，提拔这样的员工。

男老板提拔女员工，总是会让人遐想，尤其是长得特别漂亮的女员工。

某次活动结束后，我问她去哪？她说："去上课。"

我随口问道："什么课呢？"

她不好意思地说："不瞒你说，我只有初中毕业，所以想多考几个证，多读点书，升职也就有了本钱。"

第二天，她依然很早就到了公司，长发及腰，打扮得清爽利落。她将桌子收拾干净后，拿出书就开始看。

我瞄了一眼，是教科书，想起她工作时的大胆泼辣和对待流言的畏畏缩缩，我打抱不平地说："你为什么不和他们解释？解释这一切都是你努力所得。"

她笑了，说："要融入她们其实很简单的，那就是成为她们那样的人，聊男朋友，聊八卦，聊股市。可是，我没有那么多时间啊，年少不懂事时不知道自己要什么，等明白自己要什么时已经快三十岁了。所以，现在不努力不行啊。"

叶子结过婚，就像许多女孩憧憬的那样，男人负责挣钱养家，女人负责貌美如花。她心甘情愿在家做了五年家庭主妇，生了一个女儿。只是，女人的容貌不可能一成不变，男人的心更不可能是定海神针。最后闹离婚时，叶子沦落到像乞丐那样找男人讨要孩子的抚养费。

"只好出来闯了。"她说："我这种闯和他们工作的心态不一样。我想挣钱，分秒必争，我不怕辛苦，不怕被人笑话，更不怕加班熬夜。除了加倍努力，我别无他法。因为，如果我挣钱的速度赶不上我女儿长大的速度，那么，我女儿可能就真只能做一名留守儿童，永远和外婆待在一起了。"

02

早熟的姑娘很早就知道自己要什么，并且懂得如何通过自己的努力去争取，比如我的大学同学芳芳。

大学时代，我们尚处于懵懂状态的时候，芳芳就将自己活成了一个陀螺。能折腾，爱折腾，她不但门门功课优秀，还哪儿都有她的影子，学校的播音主持、校学生会、文学社、辩论赛……都能看到她。

因为她总是来去如风，所以我们称呼她为"风一样的女子"。将自己活成一道"小旋风"的芳芳是校园里的一道亮色。

她主修经济学，但因为酷爱播音主持，就在网上报名了播音主持课；又坚持学习第二外语。翻看她的日程表，就足以让人晕过去：从凌晨4:30到晚上12:00，一刻也不得闲。

难怪，她在和我说话的时候，总是左摆手，右压腿的。原来是利用空余时间锻炼身体来着。

每天，我们被闹钟叫醒，赖在床上起不来时，她的被子早已叠得整整齐齐，人早努力去了；晚上，我们睡了，她还在挑灯夜战。有时候，我甚至怀疑，她是不是压根就没睡。

我问她："你这样不累吗？为什么要这样拼？"

她笑而不答，直到有一次，她拉我去她姐姐家吃饭，我才恍然大悟。

她姐姐很漂亮，也很有气质，但是整个人却非常疲惫，精气神不太好，有点儿病怏怏的。

开门时，熊孩子正在大哭，她一边向我们打招呼，一边哄着孩子。待孩子不哭了，她就把孩子交给芳芳，转身进了厨房忙碌。小家伙可淘气了，什么东西都要往地上扔，捡了扔，扔了捡，一会儿就哭闹着要妈妈抱抱。

芳芳走进厨房，将她姐从厨房赶了出去，说："你去对付那个捣蛋鬼，这儿还是交给我们吧。"我们在厨房忙，她姐姐也没闲着，伺候小家伙喝奶、拉臭臭、换尿不湿。等我们做好饭菜，她才将小家伙哄睡着。

她姐姐长吁一口气，说："居然还让你同学过来做饭，真的是太不好意思了。"

芳芳调皮地说："姐，你每次叫我过来吃饭，最后还不都是我自己做的，下次你干脆说让我过来帮你带娃吧。"

她姐低头不语，快速吃饭，吃完饭，就跑书房看书去了。我有点儿讶异地看着芳芳。

芳芳说："你别介意，我姐她忙着备考呢，以前她的梦想是做一名优秀的心理咨询师，拯救失足的少男少女。不过，后来她光顾着自己玩儿去了。上学的时候不努力，生完孩子后倒开始努力了。"

最后那一句话，芳芳故意提高了声调，拉长了尾音。

返校的路上，芳芳告诉我："我姐上大学时，人长得漂亮，有很多人追，所以就光顾着谈恋爱去了。那时候，什么理想、人生，通通忘得一干二净。她毕业就结了婚，后来又有了孩子。我姐夫长年出差，她自己一个人带孩子，虽然姐夫对她还不错，但她自己却越来越觉得没有安全感，觉得自己啥也不会，老公是她唯一的救命稻草。

女人嘛，当自我冒出来时，就会拼命去改变现状，她老说为母则强，你看她把自己累的，吭哧吭哧的，把自己往死里逼，我可不想像她这样。"

"你姐姐真了不起。"

"她呀，的确了不起。自己一个人买菜、做饭、洗衣、拖地、哄孩子吃喝拉撒睡，还得陪玩。深夜看书，中途还要摸摸孩子有没有出汗呀啥的，最近还想重学小提琴。所以，睡眠严重不足。她总说：'我可后悔啦。大学四年白白浪费了。'"

"你是因为这，才这么努力的吗？"我问芳芳。

"是，也不是。你看我现在，一人吃饱全家幸福，而且还有食堂可以吃，有小伙伴们一起努力，能够心无杂念，全力以赴奔赴梦想，这实在是奋斗的黄金时代呀！"

03

一直以来，听到宝妈们如何一边带娃，一边努力学习的故事，就很感动。

但那时候芳芳就认为，所有的果，必有之前的因。你现在悠闲，老来必将忙碌；你现在懒散，老来难免贫穷；你现在浪费的时间，将来都会让你加倍还上。

现在的芳芳，活得非常潇洒恣意，因为她很早就实现了经济上的独立，两个孩子都是按计划来的，有保姆，有家人的帮助，她喜欢的职业生涯并未中断。

微信公众号后台经常会收到这样的留言，说迷茫，说即将毕业心有恐慌，说很茫然，不知道要找什么样的工作。

但我总认为，一个足够努力的姑娘，她是有能力消化这点儿迷茫的。

我身边一闺蜜说："我怎么感觉三十岁的状态，比二十多岁更好。"

我说："那是因为你在享受这种奔跑的状态。"

但要论实际情况，二十多岁的奔跑肯定比三十多岁的奔跑更轻盈，更无后顾之忧。

二十多岁，多好的年纪啊，喜欢什么，就去努力追求什么，没有负重，更能灵活转向。

但是不少姑娘，要么没被唤醒，要么被环境同化、安于现状、害怕改变，大概是要等到走投无路时，才会慌里慌张地劈山掘路吧。

但劈山掘路，又哪能那么容易呢？

若没有早早将眼光放在拓宽眼界、提高能力及积累知识上，哪来劈山掘路的能力？只有在折腾中找准方向，然后聚焦前进，才能早早主宰命运。要不然，像叶子姑娘这样使出狠劲儿也来得及，但就是不要在原地等待。

不要等到毕业找工作时，才想起没有方向；不要等到做项目词穷时，才想起发狠读书；

不要等到机会来临时，才想起苦修基本功；不要等到山穷水尽时，才发狠努力赚钱；人生最痛苦的，不是失败，而是我本可以。

如果你看得远一点儿，想得早一点儿，努力争取，做好每一个当下，你的人生，根本就不会有我本可以，而是，我可以。

十年后的你，一定比现在更优秀

01

现在连保持大便通畅都很难，那我们为什么一定要强迫自己，去做好所有的事情？

我把这话说给闺蜜青青听，她听完乐了。这句话犹如"开塞露"，暂时疏通了她多日的惆怅心情，露出了久违的笑容。

事情是这样的，五一假期，青青"抛家弃子"从北京来深圳玩。

为了给老同学一个开心的假期，我早早安排好了每一日的吃喝玩乐路线。但这丫头显然只是想换个地方睡觉而已，来了之后哪儿也不去，只是瘫在我的大床上睡大觉。

在睡了一天一夜之后，她终于向我吐露心声了。

"你说，别人的人生为什么就像开了挂，而我却总比不上别人，难道我真的就比别人傻？"

"你这个心中有小野兽的女人，别总给自己这么大压力。"

看她仍无精打采，我继续逗她："就看你怎么想啦。人家林清玄的儿子还认为，他老子不如街头卖油面的老板呢。理由是，油面老板几分钟就能煮好十几碗面，而他老子要很久才能写完一篇文章！"

青青说："我上周见了一个老同事，她和我同一年大学毕业，我们第一份工作在同一家公司，在职场生涯上，可谓是同时起步的。那时，我每月绩效最高，领导自然也对我更加偏爱。而那个女孩，做事总磨磨蹭蹭、拖拖拉拉，每月的绩效从来没及格过。但想不到的是，几年不见，那姑娘早已在北京买房、买车并开始创业了。而我，还是个默默无闻的家庭小主妇。"

"你这是因为嫉妒吗？"我打趣道。

"也不是嫉妒，是不知道该怎么办？那种感觉就像，我将一手好牌给打烂了，不知道如何是好。别人那么优秀，我该怎么办？"

02

不妄自菲薄，这世界也有人因为你才看到曙光。

杨小米和好友夏苏末一起办了个写作班。

写作班有一个学员问她："小米，你说夏苏末写作比你厉害，为什么她的微信公众号不如你做得好？"

在杨小米看来，夏苏末的文笔要比她好很多。夏苏末出了两本还算畅销的书籍，豆瓣红人，被很多大学邀请去做讲座，而且夏苏末还做过某杂志的编辑，文字功底、选题能力都比杨小米厉害。

她说："大多数时候，我们水平都差不多，关键靠的是机会，而机会总是不常有，抓住机会，我们就可以初步奠定自己的地位。就像20世纪80年代，一些歌手凭着一首歌吃一辈子，而要想奠定自己在所属行业里的地位，那就必须要有很多代表作品。

我的微信公众号做得比夏苏末好，这并不代表她的能力比我差，只是因为我比她更擅长运营而已，在这方面用功了。她正在转型写小说，做编剧，在微信公众号上花的时间已经很少了，只是个人选择的不同。"

再回到青青的问题，青青这些年结婚生子，有着一双可爱的儿女和疼她的老公。因为孩子，她选择回归家庭，但这并不妨碍她做喜欢做的事。她画插画，做自己喜欢做的手工品牌，虽然不及她那同事年收入百万，但月入两万是完全没有问题的。

03

摒弃过去的黑暗，勇敢跨进今日的阳光里。

台湾作家骆以军曾写过一个女孩：她在生活中经历了一些挫折，夜夜笙歌，每天过着坐在酒吧里等天亮的日子。某天，她又喝了个烂醉，蹲在巷口吐得满地狼藉。

恍惚中，她突然听到一阵密集但又散落的脚步声，抬头望去，发现是一群老人正背对阳光，精神饱满地跑步、做晨练。

一时迷乱，女孩心想："他们已经开始今天的生活了，而我却还留在昨夜。"

走在人生的大路上，大多数时候的我们，总是频频回头看，或频频为过去的自己哭泣，或深陷沼泽自暴自弃，而忘记将自己跨进今日的阳光里。

04

拒绝自怨自艾，坚信曲线也能实现梦想。

青青虽然频频为过去的自己哭泣，但是却并未停止自己奋斗的脚步。反倒是提起我们共同的朋友花花，我和青青都唏嘘不已。

花花过去是学霸，是我和青青都望尘莫及的学霸。但有时候，人真的会缺少那么一点儿运气，她考了两次研究生都没有考上，其实没有考上的还有我和青青。

那些考上理想学校的同学，有人出国做了交换生；有人在海外镀了层金后，回国在某大学执教。我和青青也没有停止折腾，因为我们一直坚信，即使我们没能去读研究生，也依然可以通过别的方式实现理想。

我一度觉得自己的生活状况百出，但从没想过要放弃，而是认真对待每一个当下，如今虽没有硕果累累，却也能用文字养活自己，而且即将实现出书的梦想。青青更是如此，她支持爱人创业，精心养育孩子，更耐心浇灌兴趣之花。

但花花却一直自怨自艾。大学毕业后，她颓废了好久，说找不到喜欢的工作，说命运不公，整日怨天尤人，最后选择嫁人逃避现实，却又发现婚姻里的关系更残酷。如今的她，抱怨老公，抱怨公婆，抱怨孩子……实在是让人亲近不了。试想，你愿意和怨妇做朋友吗？

05

当你十分向往某事时，为之奋斗。

我们应该按照自己的意愿去理解自己，不妥协于别人的优秀，不被别人的意见引入歧途，不小看自己，不萎靡，不屈服，且坚信努力之后，必有好运莅临，终将创造一个属于自己的世界。

我有个远房表姐，她从小身世可怜，母亲重病，父亲体弱，靠亲戚朋友的接济长大。但她过得可怜吗？一点儿也不。

我们因为年龄相仿，后来又在同一所高中读书，而且还做了同桌，因此，我们始终保持着深厚的友谊。

表姐给人的感觉就是，铁树一般的姑娘，拥有铁的意志，树的挺拔，活得朝气蓬勃。她凭借着百折不弯的个性和那一股子狠劲，考取了理想的大学，不仅在国内读完了硕士，还在国外读完了博士，现在她的母校执教。

她跟我说："以前我常羡慕你，向往和你一样去重点学校读书，所以我就努力了一把，结果证明，我虽然没能上重点初中，但也可以上重点高中。那后来我就想，如果我不放弃，始终努力，我一定也能上重点大学，能读博，能出国留学，所有富贵人家能实现的事，我这个清贫人家的女儿也一定能实现。"

她用行动证明了她的信念，所有看上去需要资源，需要金钱才能成就的事情，她用自己的那双赤贫的小手，捧回了大大的惊喜。

《实习医生格蕾》里有段经典的话，可以总结表姐的人生：当你十分向往某事，便为之去奋斗，不管它看上去多么无望，也不要放弃。当绝望时分，想象十年后你回望今日，定会希望自己再付出最后一搏，因为那些生命中最好的事啊，从来得之不易。

真正的女神，都会对自己下狠手

01

"今天，我一定要背200个单词，不然我把姓倒过来写。"

"今天，一定要做完一套真题，要不然我就不是爸爸的女儿。"

翻看以前的日记，我被自己逗笑了，想起以前同桌说的："你不是你爸爸的女儿，你是你妈妈的女儿；王字倒过来，那不还是王字吗？"

不过，我真遇到过靠对自己发誓逼迫自己做事的人。

去年采访了某网红，他说他曾经就是这样给自己下命令的，完成不了任务，裸奔。

所谓裸奔，还是有一定的威慑作用的。整整一个暑假，他把自己关在屋子里，专心读书、做题。一米八的大男生，整天在不足十平方米的屋子里没日没夜地做题。以至于后来有一天，他跑去超市买"干粮"的时候，居然晕倒了。

看来，要对自己狠，还得有个强健的体魄。

为了拥有强健的体魄，我堂妹每天早上五点半起床，坚持跑步两小时，风雨无阻。可我有半年的时间天天说要跑步，但至今仍只是挂在嘴边，我问她："你有什么狠招吗？"

她说："有。"

我说："什么？"

她说："你不跑，一天罚款一千，收款人是我，你跑还是不跑？"

02

都说美女从来都是狠角色，的确如此。

《请回答：1988》里的成宝拉，是胡同里学神一样的人物。她是远近闻名的学霸式霸道姐姐，同时，也是家里的大女儿。因为要帮爸妈排忧解难，分担家里的经济负担，大学里她放弃学习自己喜欢的法律，而选择了不喜欢的师范以补贴家用。

后来家里经济条件好转，父母劝她去考司法考试，去完成她检察官的梦想，她自己也想重拾梦想。面对来之不易的机会，以及全家人的支持，成宝拉决定全力以赴准备考试。

这时，她做了两大狠心的事：一是，不管自己如何心痛，坚持和恋人善宇分手，她说她只能专心做一件事；二是，搬去考试学院备考，那狭窄的房间，仅能放下一张书桌，一把椅子。

平时脾气暴躁的人，为了学习对自己也是毫不手软。住小屋里，天天吃泡面，搞学习，看书看得昏天暗地，思念善宇时，号啕大哭，哭完继续学习。

这样的昏天暗地，我也有过。去年国庆假期后，刚好有一个考试，平日每天忙东忙西没有好好看书，那七天临时抱佛脚忙得昏天暗地。基本状态就是醒了看书，自己什么时候睡着都不知道。

幸亏有这样昏天暗地的七天，让我通过了考试。然而，那种感觉并不好受。

像成宝拉这样断舍离式地坚持，更是需要一股狠劲，要对自己非常非常狠。幸运的是，她想要的最后都得到了，成为检察官，最终和善宇结婚了。

但这幸运的背后，是堆积如山的泡面桶和一个人无数个日夜的孤苦。

不过，我喜欢这个又酷又狠的女孩成宝拉，因为她活得带劲儿，活出了自我。

03

我身边对自己最狠的姑娘当属我表姐。

她当时选择学医，初衷是想日后救治她那偏瘫的妈妈。所以，即使进实验室就不舒服，看到血就要吐，就要晕，她也一直死撑着。

一直到后来一上解剖课就做噩梦，整夜整夜的噩梦挥之不去。没办法，即使已是大三，她也不得不换专业。思来想去，换到了测绘专业。这意味着她需要在一年半的时间内，修完测绘专业四年的课程，并通过考试，要不然就要延迟毕业。

她说那一年多，整整一年多，她从没在晚上两点前睡过觉。每天凌晨4:30起床，匆忙洗漱，走路，吃饭，想的都是知识点，梦里也在看书。

她说："那股劲，可比高考时要生猛得多，就好像走火入魔了。有时候困到不行，什么浓咖啡，浓茶对我通通没用。一不小心，'咚'，头就撞桌子上了，第二天头上顶着个大包去上课。

记忆最深的一次是大年三十，一边看书，一边陪妈妈和奶奶聊天，我就这么坐着睡着了。我奶奶怕我感冒，拿来一床被子，想让我躺下，我居然叽里呱啦背了一段文字，让她们笑不可支。"

不过，她总算挺过来了。不但顺利毕业，还考上了测绘专业的研究生。不得不说，人有无限可能，你若不逼逼自己，真的不知道自己能做什么，能做到什么程度。

04

我们对人生路的态度里，藏着各自的未来。

曾经看到一句话："你对自己狠一点儿，世界才会对你下手轻一点儿。"

虽然我不提倡用蛮力去学习，去行动。但有的时候，那些对自己狠的人，的确非常让人心动。

那些你以为的狠，对于他们来说，只不过是习以为常的日常。

而你一直渴望的物质目标，对于他们来说，同样也只是生活日常。

人生是场马拉松，最终拼的是实力和耐力。可是，如果一开始就落后很远，或者说在人生的某个路途里深陷沼泽，不加把劲，不对自己狠点，如何挣脱泥沼？

人生路，本来就没有捷径可走，也不能让人替代而行，所有的路途，终究需要自己走完。

杰克·凯鲁亚克在《在路上》中说过："人类啊，你的道路是什么样子呢？无外乎是圣人的道路，疯子的道路，虚无缥缈的道路，闲扯淡的道路，随你怎么样的道路。"

但，无论你选择哪条路，必都是荆棘与鲜花同在，天晴与阴雨交替。剽悍前行也好、款款而行也罢，只是姑娘，如果万一，万一深陷泥沼，请一定要奋力挣脱。为了明日的曼妙风景，此时此刻对自己狠一点儿，再狠一点儿，那也是值得的。

岁月不会辜负每一个平静努力的人

01

　　刚来深圳时，我租的是床位。那是地王大厦附近的一个小区房，三室两厅的大居室，被房东改装成了男女宿舍。我想离公司近，但又租不起单身公寓，不得不以每月600元的价格，租了一个床铺，度过了来深圳最初的几个月。

　　大居室里住了许多和我一样，刚开始深漂的年轻人。他们中有的在找工作，有的已经有了一份工作。房东也是一位这样的年轻人，他是二房东，除了管理这宿舍，还接一些诸如会展中心发DM单的活。

　　每到周末，勤快一点儿的年轻姑娘和小伙便加入他的传单大军，在会展中心、街头、小区发传单，价格80元—120元/天不等，包午餐。

我也加入过发传单的队伍。那时候，我挣钱的欲望正茂盛，除了工资外，总想着挣外快，所以，每到周末便兴致勃勃地加入了发传单的队伍。与我一同加入的，还有另一位姑娘，她是一名会计。

但第二天，她就退出了，理由是：太辛苦了，不值得。

我以为她是怕辛苦，便不再劝说她。每个周末，我继续辛苦并开心着，跟着这群人在街头或会展中心蹦跶。这座城市，似乎也因为我们这一群年轻人而增加了活力。

这样的日子过了两月。会计姑娘有一个晚上忽然跟我道别，因为她要搬走了。

我惊问道："你找到更好的工作啦？"

她说："还没呢，工作还是那工作，目前在经验积累期，好好做就是啦。但是我找了一份还不错的兼职，利用周末和晚上的时间，帮人整理网上会计课的课件，有时候帮老师做下PPT。"

我问："工资怎么算呢？"

她说："每月800。"

我当即在心里开始算，我一月可以挣多少外快：一个月四个周末，一个周末两天，每天一百，那一月也是800。

她像是看透我所想，说："你别算了，咱俩赚外快的钱差不多。但我看重的不是这点钱，而是与会计相关的周边资源。这个给我机会的老师，她本身是某公司的财务总监。她利用业余时间创业，我跟着她，不但能提升我的专业知识，还能拓展我的视野。至于工资，如果我越做越好，所得到的报酬肯定也会随着时间而增长啊。"

"我劝你也别总是发传单了。你想想，你今天发传单这个价，除非人工劳务费涨价，要不然十年后还是这个价，这个就是时间的价值成本。在我看来，比赚钱更重要的是如何让自己更值钱。如果我们将自己视为美玉，经过岁月的打磨，只会越来越玲珑剔透，越来越值钱，而如果只是顽石，经过岁月和风沙的吞噬，恐怕也会化为风沙，随风飘散。"

她的一席话，让我汗颜。每个周末，我开开心心地和这些人混在一起，我还以为自己非常上进，没想到不思进取的是我。

会计姑娘又说："你别沮丧，咱们都年轻，一切还来得及呢。不过，我提醒你，你也早点儿搬出去吧，这儿环境嘈杂，让人容易随大流。要做点自己想做的事，还是给自己心灵一个好点的环境吧。"

后来的故事就是：我搬出去了，开始大量看剧，大量看书，认真写好手头的每一个脚本，写好每一个广告文案，不时接个小单练练手。周末时间用来充电，无意中加快了我的工作进程，我工作效率提高了，老大丢过来的活也比以前更多了。

也就在那一个月，老大说："公司决定改革薪酬制度，除了以前的底薪，以后每一个脚本，每一个广告文案，都会有额外的奖金，脚本一个500元，广告文案一条100元。"

公司的这项薪酬制改革，犹如雪中送炭，还到处找什么赚外快的机会？做好本职工作就是赚外快！

02

五一期间，高中校友深漂帮聚会，有位学姐讲了一个故事。

学姐大学读的是法学专业。

她说："那个时候，我很羡慕睡我对铺的姑娘。这姑娘看上去衣食无忧，每天上课之余，便是煲韩剧，日子过得十分轻松。

而我因为家里穷，学费得靠助学贷款，生活费得靠自己勤工俭学。如果想发展自己的兴趣爱好，满足自己的欲望，就得去想办法挣外快。为这，我摆过地摊，发过传单，做过家教。但都不长久，手停钱就停了，日子依然过得捉襟见肘。"

大学四年，学姐拼了四年，除了必要的上课时间，她把所有时间都花在了挣外快上面，因而很少泡图书馆，很少上自习课，更不用说煲韩剧了。她说："一开始我是为了挣生活费，可是到后来，我却开始为了挣钱而挣钱，以至于连考研的计划都放弃了。"

而她对铺的姑娘，除了学习便是煲韩剧。在学姐看来，觉得那姑娘过得潇洒也堕落。毕业后，学姐加入深漂大军，而那姑娘则留校读研读博，后来还留校任教了。

不久前，学姐说她出差时顺便回了趟母校，和对铺姑娘聚了一下。得知，她在本职工作之余，还在学校开了一门《韩国娱乐文化基础概论》课程，有学分。这课程，去年居然成为法学院选修人数最多的课程。

学姐说她觉得太不可思议了，于是就去旁听了一节课，真的是大开眼界，受益颇多，感慨也很多。她说："那节课真的是非常精彩、有趣、轻松，几乎是像看电影串烧，在享受的心境中了解韩国的方方面面，难怪能得到学生的追捧。

对铺姑娘从本科时代开始，就有意识地积累素材。她爱看韩剧，但不只是过目，还过脑、过心，并做笔记、截图、写剧评，乐此不疲。那姑娘大学时代靠写剧评挣的钱不比我少呢。我还傻乎乎地认为人家在虚度人生。真正虚度人生的是我，我整日忙忙碌碌，却一事无成。"

03

同样是赚外快，有人乐在其中，有人愁眉苦脸，着急上火，不知不觉走向看不见的深渊。细分一下，我们可以根据挣外快的手段，将"打工者"分为三等：

甲等人：与其说他们赚的是外快，不如说他们在玩，愉悦自己的同时把钱挣了。

乙等人：为工作锦上添花，提升专业能力的同时，把钱挣了。

丙等人：用时间挣钱，用身体换钱，用未来换钱——为此，可以放弃学业和健康。

周冲说："在自由市场中，一个人的收入与回报，与她的努力无关，与她的付出无关，与她的稀缺性有关。"

当你的工作人人都能做，你的工资只会屈指可数。当你的工作只有为数不多的人能胜任，你的收入就会水涨船高。

这个道理在赚外快上同样适用，同样是挣外快，有人将外快变成了专业技能，变成了带来收入的事业，甚至实现了理想；有人却只是早出晚归、马不停蹄地用时间换着钱，消耗着青春，消耗着自己的身体和能量。

有时候，我们在沉湎于挣钱的快感时，先别着急被自己感动。问一问自己：你真的很缺这些钱吗？你是在挣钱还是在消耗自己？你能不能挣钱的同时把梦想也实现了？这些兼职能促进我们获得更好的发展吗？能帮助我们整合好现有的资源吗？

好的兼职，好的挣外快的机会，绝不仅仅是输出智力和体力，而应该是能激发出一些新的知识、新的机会、新的作品、新的格局。

那些有工作、有钱人的生活，不要羡慕，因为随着你年龄的增长，迟早会有。但是，那些你有而他们没有的东西——时间、青春，其实格外重要。

但如果你的家境像我学姐那样，读书时代不得不靠自己挣钱，不得不赚外快养活自己，那也请想想：我们能不能去做一些更有意义的兼职？如果目前没有这样的机会，那也不要气馁。即使当前不能让兼职变成锦上添花的事，但只要坚持并及时调整方向，让自己能力的子弹飞一会儿，就一定可以。

奔走四方的姑娘，大都活成了女神的模样

01

阿云说，如果没有朋友圈，她真不知道简宁这丫头变成了空中飞人。

去年，简宁又升职加薪了，月入五万，而且年底有分红。这让姐妹们红了眼。

但同时我们也知道，她比以前更忙、更辛苦了。简宁说："你们觉得高中那会儿累吗？我现在的压力和辛苦相当于高中那会儿的十倍。"

看简宁的微信朋友圈，分明活得很潇洒嘛，今天出现在俄罗斯，后天在美国，过几天又在印度，迪拜帆船酒店，东京富士山……

对于有的人来说，这些都是司空见惯的风景。可是，对于去

个尼泊尔都兴奋如刘姥姥的我们来说，这已经是一个女人的黄金生活了。

简丫头分明过上了我们梦想中的生活——那是小时候我们看地球仪时，有过的梦想呀。

为了梦想，苦一点儿又算什么。话虽这么说，但她的确非常忙。即使在同一座城市，我也有半年多没见过她了。好不容易，她端午假期有空，便约了我们开平碉楼一日游。

回城的时候，已经是晚上了。开长途夜车太无聊，简宁便讲一个笑话为大家解困。

她说："大学军训的时候，大家在烈日下站军姿。忽然，'扑通'一下，前边的美女晕倒了，接着又'扑通'一下，左边的'小家碧玉'也晕倒了，没一会儿，'扑通''扑通'居然倒了一串……看着大家前仆后继地'扑通'，我那个心急呀。我闭上眼睛，想让自己'扑通'。可是，任凭我怎么使劲就是不'扑通'。

还有一次，那是我第一次参加公司户外拓，眼看着我暗恋的男同事将关切的目光投向了晕倒的女同事，我急得不得了。我闭上眼睛，拼命逼着自己晕倒，可就是不敢倒下，因为怕痛啊。我这一百多斤的体重，这么硬倒下去，应该会特别疼吧。"

一车人笑得前仰后翻。

等我们笑完以后，简宁说："想当年为了让自己看上去弱不禁风，我还节食过，最长坚持过一个月，每天只吃一个苹果和一根黄瓜，几乎饿得我前胸贴后背，但一想到可以让剽悍的自己变得柔弱，我就忍了。

我千方百计让自己变得像林妹妹，尽可能让自己有弱柳扶风、楚楚动人之态，一心想以病西施的女性柔情博得男性朋友的同情与关注。现在回想起来，那时候的自己好幼稚，以为自己变成琼瑶剧里的柔弱的女主角的性格，就能具有天然被男人宠爱的属性。其实大错特错啊，我暗恋的那个男同事，后来嫌弃女友弱不禁风，是累赘、负担、拖累，而抛弃了她。

在北上广深这些快速发展的城市，没有强悍的身体怎么混江湖？而要想打下一片天空，不但自己要强悍，另一半也需要剽悍。我现在可是天天健身的，瞧我现在这马甲线，这辈子是想晕都晕不了哦。"

当下的简宁是安迪那样的大女人，无论在哪儿，她都坚持天天早起跑步，抽空练瑜伽或爬山，从未停止过锻炼。健康的身板让她在连续熬夜加班之后，依然能精神奕奕，保持着女王风范。

简宁很享受现在这个奔跑的状态，靠自己，爱自己，不献媚，不自卑。

对她来说，这样的自己，刚刚好。

02

在《摔跤吧！爸爸》里，吉塔和巴比塔的14岁朋友在婚礼上说："从一个女孩出生开始，她们的命运就是做饭和打扫卫生，并把自己交给一个男人，而且跟这个男人还一点儿也不熟悉，然后为他们生孩子，抚养孩子……"

在印度，女孩们多如吉塔的女闺蜜，在14岁嫁人，被迫变成男权的附属品，接着活成"童养媳"的命运，变成繁衍机器、家庭保姆、义务陪睡，在男权的侵蚀里耗尽青春。

与之相同的是，中国也有许多女孩在嫁人后，迅速过上了贾宝玉所说的"死鱼珠"一样的生活。

叶倾城说："中国社会一方面对年轻二字无限拔高，却又十分擅长飞快制造老女人。这是一个让女人老得很快的国度，恨不得一结婚就直逼大妈，就应该把时间浪费在打牌、聊天、十字绣上。一方面，却又孜孜不倦热衷拉皮整形，却有一颗未老先衰的心。"

当下，不时有女孩出卖初夜权、捐卵子等消息从我们耳边飘过。就犹如波伏娃所说："男人的极大幸运在于，他不论在成年还是在小时候，都被教育必须踏上一条极为艰苦的道路，这是一条最可靠的道路；女人的不幸则在于，被几乎不可抗拒的诱惑包围着，她不被要求奋发向上，只被鼓励滑下去到达极乐。当她发觉自己被海市蜃楼愚弄时，已经为时太晚，她的力量早已在失败的冒险中耗尽。"

格局决定结局。能被魔鬼捕获的，多是目光短浅者。无论是被逼的，还是自愿沦落的，女孩们一旦放弃自我成长、自我改变、自我增值、自我涅槃的机会，就会搭上一趟自我堕落的快车。之后的生活，与其说是活在困境里，还不如说是活在行尸走肉的皮囊里。

年轻的吉塔在明白了这个道理后，不再对自我设限，开始主动训练，虽然有很多困难与挫折，但自我之门开始艰难打开，人生不一样的风景陆续而至，最终年轻的姑娘登上了冠军舞台。

赢得冠军之前，吉塔的母亲担忧地问："我们的女儿嫁不出去怎么办？"

吉塔父亲回答："我不要让她们被别人选择，我要让她们去选择自己喜欢的人。"

被人选择，还是选择别人，让命运反转的正是对自我命运的把控和主宰能力。

摔跤手父亲对女儿说："你不是在为你一个人战斗，你要让千千万万的女性看到，女人并不是只能相夫教子。"

在每22分钟就发生一起强奸案的印度，吉塔姐妹俩剪去长发，走向赛场，迎接大大小小的挑战，积攒着改变命运的力量。她们用行动证明：女人也能摔跤，女人也能代表自己的国家赢得国歌奏响、国旗升起的机会。

真实生活里的吉塔，最终嫁给了和自己志同道合的男人。婚礼上的她美丽而自信，这种自信不是高跟鞋、口红、长发这些"女性权利"带来的，而是主宰自己命运的能力带来的荣光。

03

"董明珠走过的地方，寸草不生。"

这话传递了董明珠的彪悍作风。但我认为，这世上没有天生的铁娘子。

30岁前，董明珠做着一份朝九晚五的工作，过着相夫教子的安稳生活。30岁时，丈夫去世，当时，她的儿子只有2岁，生活的艰难让董明珠明白，必须突破自己，使自己越来越强大。

单亲妈妈既要育儿，又要养家，当妈又当爹。没有亲历这样的生活，我们根本想象不出其中的艰辛。用董明珠的话来说就是："一个人和两个人，是不一样的。"

过了6年丧偶、独自带孩子的生活后。1990年，董明珠选择南下珠海打工，成了格力的一个业务员，开启了她的"铁娘子"之路。

董明珠压根就没把自己当女人看待，她说："男女之间没有优劣势。如果一个女性不具备足够的能力，收获更多的可能是同情，而不会有过高的要求。成功，是由做事情的对与错来决定的，而不是由性别来决定的。"

董明珠大刀阔斧地改革，敢动任何一个关系复杂的高管，她强大的生活信念和工作作风，并不是一蹴而就的。而是纵横在一马平川的疆域里，将能量凝聚到一定程度，才形成现在的"杀伐决断"的性格厚度。

04

西蒙波娃说过："女人，不是生而为女人的，是被变成女人的。"

曾经，我们都是小女生，都有一颗公主心，恨不得不用付出，装装可怜相，就能赢得天下人的保护。

后来，我们逼迫自己变得强大，凡事靠自己。

这个过程，很累，需要很多自律、付出和坚持。

然而，岁月不可逆，成长不可追，每个人的人生都是限量版。如果你为自己定下了小女人的基调，你就会成长为小女人，如果你为自己定下了大女人的宏伟目标，你就会奔着大女人的框架而去。

英国经济学家大卫·李嘉图认为："商品的价值，是从两个源泉得来的，一个是获取时所必需的劳动量，另一个是它们的稀缺性。"

无论是娇弱的小家碧玉，还是雷厉风行的霸道女强人，抑或是雌雄同体的极致女人，在这个时代都已稀松平常。

所不同的是，霸道女强人也好，雌雄同体的极致女人也罢，都有养好自己的本事。岁月再怎么刁难，男人再怎么无情，终究还有养活自己的技能、手艺和小金库。这种情况下，倘若不幸晕倒，我们有救治自己的能力，怕什么？

严歌苓说："靠父母，你可以成为公主；靠男人，你可以成为皇后；只有靠自己，你才可以成为女王。"

但固守柔弱、仰仗男人、涸泽而渔，是女人骨髓里的癌细胞，它固执、顽强，得承受刮骨疗伤的巨大疼痛，才能蜕变成自强自立的新时代女性。

"杀人偿命，欠债还钱，愿赌服输，自负盈亏。"李碧华行走江湖的十六字真言道出了世道的真谛——人生本来就是自负盈亏，所有的女神模样，都来自于纵横四海、奔走四方的修炼。

你从来不缺经历，
缺的是应付这个世界的手段

第二章

姑娘，请善待我的青春

01

有一次众姐妹一起吃火锅侃大山。

不知道是谁将话题切换到了"前任结婚，要不要去参加婚礼"这个话题。只记得，这让本来清淡的粤式火锅突然变成了麻辣川式火锅，每个人的情绪都变得有些激昂，情绪裹着沸腾的热气，冲出口腔。

李姑娘说："不去，没空，下次再去。"

刘姑娘说："不去，去了就想劫婚。"

丁姑娘说："不去，能省点份子钱就省点。"

赵小姐说："不去，看自己睡过的男人，和其他女人交杯，那是自虐"。

刘小姐说："不去，剪掉了的头发，割掉了的盲肠……"

……

就在姐妹们极尽恶趣味地"祝福"着前任的时候，晓晓和丹莉却始终沉默不语，在大家的催促下，晓晓说："我去了。那时，我心里尚未完全放下，总是惦念着他。但人家既然都要结婚了，那以后我就没有理由再见他了，所以我必须放下，让自己断舍离。然而，我又很想再见他一次，哪怕只是远远地再看看他。他啊，他啊，他是那个陪伴了我整个青春的人呀。"

火锅翻滚，时间凝固。晓晓和丹莉也将她们的故事娓娓道来。姑娘们各自揣着一股子爱情的回忆和一肚子伴杂着酒精、芝麻酱的麻辣肉，走进岁月的阴影里，沉睡或失眠。

02

晓晓的男朋友和她，虽说不上是青梅竹马，但两人曾一起携手走了八年，一起度过了美好的大学四年，熬过了毕业季。

马尾少女和白衣少年大学时代的爱情，美丽又彷徨，青涩又迷茫，他们一起上课，一起泡图书馆，一起憧憬未来，又一起恐惧未来。出了校园，一起找工作，在这座繁华的大都市里，他们互相依偎，既是彼此唯一的亲人，又是恋人，他们一起努力，一起快乐，又一起迷茫。

晓晓说："后来的分手，也是意料之中的事情。我爱折腾，喜欢这座城市的朝气，但他爱安逸，更向往家乡慢节奏的生活。所以，我们后来走了不一样的路。他回了老家，因为那儿有他父母帮他安排好的一切，他住着宽敞的房子，开着车上下班；我依然住着鸽笼似的出租屋，每天挤地铁，我们的生活忽然变成了两根平行线，再也没了交叉点。

然而，那毕竟是我爱过的人啊，他见证了我青春里最宝贵的八年。八年的青春，我们一起欢笑，一起经历找到工作的惊喜，一起经历拿到第一笔工资后的疯癫——去这城市的地标中心看了场电影、吃了一顿大餐、疯狂购物，花光所有钱，然后再勒紧裤腰带靠信用卡过了一个月。

再往前回忆，大学暑假，我们也一起做过好多疯狂的事啊，深夜里沿着湘江跑半马，骑着摩托车去爬山……那些肆无忌惮的青春啊，我都能从对这个人的回忆里找到。"

那年他结婚，请了大学全班同学，他说是借自己结婚这事儿搞同学聚会，机会难得，一定让她去。

她慌慌张张地说："我那天刚好出差的，人在美国，你知道，我这个工作总是在飞来飞去、跑来跑去的。"

他似乎不甘心，怏怏不快地挂了电话，从此他们便成了路人甲乙丙丁。

晓晓说："其实，我只是有点儿害怕，我不怕难过，不怕心酸，却怕想起那些历历在目的过往，美好的、愤怒的、温馨的、生气的……当所有过往不再可以触碰，那是一种红楼梦里众姐妹离了大观园的空寂感。

但事实上，我还是去了。在去的前几天，我就开始失眠。出差办完事后，未倒时差，我便飞到了他的城市，虽然没有赶上他的婚礼，却在凌晨的一点钟来到了他的婚房下。那婚房，是我们曾经憧憬的爱情归宿，如今有了女主人，可新娘却不是我。

我发了一张小城子夜一点的夜景图在朋友圈，祝福他：'我的青春，祝你和那个姑娘幸福，请善待它。'"

03

丹莉说："知道前男友要结婚时，我脸上还挂着林志玲式的标准微笑。真的，我一直都在笑的。但只有自己才知道这笑容有多僵，心有多伤。

那年，那天，那晚，他执意要送我去火车站，进站的那一刻，他忽然告诉我，他要结婚了，希望我能参加他的婚宴。

坐上火车后，眼泪就开始汹涌而出，冲刷着青春时代的种种回忆。我真的是哭了一路，从南京到北京，从玄武湖到什刹海，我在眼泪里回忆了我们青梅竹马的时光。

那可是整整十年呢。从初中到高中，从高中到大学，我们一起度过了许多美丽的时光，有浓烈相拥的时刻，有平淡相知的时光，甚至连最初的文学梦，也是他播种在我心中的，他带我在海明威、加缪、赫尔曼·麦尔维尔等文豪大咖的文字世界里遨游。

但因为他家的门户观念很强，对，他家是我们那儿的有钱人，属于当地的名门望族，而我只是普通人家的女儿。我当然不想让他为难，于是我向他提出了分手，他当时也没有不同意。

从此，我们之间就没了联系，虽然后来又联系上了，但却绝口不提爱情。再相见就是那次同学聚会上，彼此都很客气，打过招呼过后，彼此不再说话。

沉默了一天，傍晚他提出要送我，我以为我们或许还有可能复合，有可能和好如初。结果他却告诉我，他要结婚了，问我要不要参加他的婚礼。

我想，他送的不是我，而是他的青春。而于我，也正是如此，那一段我以为的天荒地老，我以为的比翼双飞，终究逃难现实的残酷。

或许是因为那一晚的彻夜难眠，或许是因为那一路从南到北的哭泣，我反而释然了。所以，我去参加我前任婚礼的时候，给他和新娘敬酒，我借着酒意撒泼，对新娘说："姑娘，他可是不会老的回忆呢，你运气好着呢。'"

04

《奇葩说》有一期的辩题是"收到前任婚礼喜帖，要不要去？"

有人义愤填膺地说："当然要去啊，要让喜堂变灵堂"；有说："要去抢风头再啐他一脸"；也有拿出各种新闻事件，说："不要去，害怕'喝死在人间'的。"

但高晓松却说："这些闹啊，激烈啊，都是最开始两个钟头的想法，最后肯定是想要一笑而过，真的释怀的。"

高晓松不愧是智者，他说出了爱情的真相：前任虽然离开了，但他曾为我们付出过真心或青春，与其耿耿于怀，不如默默祝福，让往事随风。只有真的释怀，将心底的怨恨彻底放空，才能重新装回满满的爱。

有时候因为各种各样的原因，我们不得不舍弃爱，让曾经的恋人走入别人的婚房。但无论怎样，我们要学会面对。如果前任真的很渣，那如此放不下的你是什么？对的人从来不会变成错的人，错的只是时间和不成熟的自己。

拜伦在《春逝》里写道："若我会见到你，事隔经年。我将以何贺你，以眼泪，以沉默。"

　　我想，我们还可以，以向青春致敬的形式，祝福前任和他的新娘："姑娘，请善待我的青春。"

在最艰难的岁月里，将人生变得美好

不管是大都市还是小乡村，但凡稍微有颜、有才，物质条件稍好的女孩子，都会被身边的追求者或家长惯得不成样子，矫情得不成样子。

然而可别小看这些矫情小公主，时机到了，小宇宙能量一旦爆发，她们就会变成展翅飞翔的雄鹰。

那拼了命保护下一代，庇护亲人、爱人、下属的狠劲儿，就犹如老母鸡般，或腾空展翅，或拼命周旋，或死磕到底。

总之，欢乐老母鸡有奋战不息的精神。

01

A姐是我在丽江认识的。又都是深漂，一来一往就熟悉了。

A姐给我的感觉属于有钱、有闲、有人养的那类幸福女人。她似乎只需要在大好阳光下，在喝咖啡的间隙，接几个电话，人民币就会乖乖地进入她的荷包。

但A姐自己似乎并没有意识到，自己拥有别人需要打拼多年才可能获得的成就。生活中，A姐的身上完全看不出有丝毫的矫情感。做事情，不嫌脏，不怕累，大小事都亲力亲为；跟我们一起烧烤，很擅长自己动手；一起学茶艺，她像小学生一样认真做笔记，她那密密麻麻的笔记，既详细又条理清晰；她自己做饭、修电脑、换灯泡……反正，她在很多小事上都给了我别样的感觉。

我想，她一定是有故事的人。

后来，我知道了一切。

A姐说，她即将要打一场官司。

原来，A姐在婚前是一个连碗都没洗过的女人。以前，她有一双如婴儿般柔美白皙的手，葱白水灵，这双手花钱大手大脚；她也有一颗如豌豆公主般娇嫩的心，矫情的，电话那头的皱眉即使隔着千万里也能硌到她的心。

总之，她就是一个十分骄纵矫情的公主。矫情公主不顾父母的反对，嫁给了她自己认为的爱情。一开始是各种幸福美满、甜蜜腻歪，可是后来，孩子的到来如分水岭般，使剧情迅速反转。

老公出轨了，孩子被抢走了。并且，婆家为了不分财产还不肯离婚。

足够狗血的剧情。

一夜之间，她就变成了一个失去爱情和孩子的，一无所有的中年妇女。

一无所有的她，惊慌失措地回到娘家，却辛酸地发现，曾经宠爱她的父母已经被她折腾老了。老到觉得女儿丢了他们的颜面，老到不肯原谅女儿当初的不听话，老得用唠叨代替女儿离婚带来的安全感缺失。

总之，只要她在家，母亲不是整天念叨就是责骂。那种唐僧念经般地念叨，让她觉得想去死。

家是住不下去了。朋友呢？朋友在她这些年的优越感面前，早就流离四散了。她成了一个孤苦无依的中年妇女，这让她产生了想一了百了的想法。

但是她不能死啊，她爱她的儿子，想给他最好的庇护。可当下，她连自己都庇护不了，拿什么来庇护孩子？又拿什么来捍卫自己的婚姻主权？

A姐说，她放纵自己达一年之久，然后在某个被噩梦惊醒的夜晚，忽然觉得自己要奋斗、要崛起。

她软磨硬泡了一个月，终于说服了自己的父母，让他们最后一次相信她，给她支持。

她开始经营花店，同时不停地学习插花艺术。她爱钻研，又特别能吃苦，简直是没日没夜地扑在工作上。她扎的花束，她做的礼盒，总是会带给客户各种惊喜。因此回头客越来越多，口碑越来越好，生意越做越大。后来，她干脆转型做花艺培训。现在，她的花艺培训学校已经办得红红火火了。

所以，当她觉得自己有能力庇护自己的父母，庇护自己的儿子时，她决定展开翅膀，像老母鸡一样，与偷鸡贼来场最后的较量。

"虽然每天凌晨4点起床，直到晚上11点才能休息，有时甚至是折腾整个通宵，看上去很辛苦，但是这就是想要重生，想要涅槃之人要经历的磨难。还好，距离虐心的终点越来越近了。"

"在刚刚过去的1小时里做了下面这些事：定律师，定策略，开战！"这条朋友圈，A姐发于凌晨03：16分。

02

生活有的时候，的确要比戏剧来得还戏剧，即使你想喊停，命运也会始终跟你较劲，拼命地喊：别停。别停。不要停下来，那不是休息，而是向生活低头。那是弱者的行为。

刘涛就遇到过这样的命运变故。

生完第二个孩子后不久，在结婚之初高调宣布息影的刘涛，突然复出并接下各种代言和影视剧角色。世人都嘲笑她一场豪门一场空。"伪富豪"的戏剧人生算是狠狠地扇了刘涛的耳光。不过事已至此，只能想办法走出人生的低谷。

刘涛最先做的就是，破除人们对她的不利流言与猜测。2013年刘涛在新剧开播时，她借此机会发布长文《贤妻的底线》，承认丈夫生意受到重创，精神方面出现问题，经常服用大剂量的安眠药和止痛药，甚至出现失禁。有人劝她放弃这段婚姻，但她依旧坚持，并声称这是一个贤妻的底线。

是的。她再也不是温室里的花朵，更不是矫情的公主。

家庭的重担逼迫她迅速崛起，迅速成长，逼得她像老母鸡一样呵护丈夫和孩子，做个十足的贤妻。

也因此，被呵护的王珂从此后就被冠上了"刘涛老公"的前缀，出现在各种娱乐版面。也正是因为刘涛对他不离不弃，王珂才能走出困境再度叱咤商界。

03

我和女王闺蜜相识于高中，那个时候的我是怎样的？老干妈盖子怎么拧都拧不开，矿泉水瓶盖非得让别人帮忙拧开，感冒了死扛，直到有人把药送上门，说得好听点是矫情，说得难听点还是矫情。

闺蜜女王当时是咋样的呢。那时我心目中的她，貌似就是一娇情的小公主。可以每天回家享受着母亲大人做的爱心营养餐，不用住黑冷的宿舍，不用大冬天的自己洗衣服，只需要好好学习天天向上，闲时再念念海子的《春暖花开》，或欣赏一下凡·高的《星空》。但据她自己说，这些生活已经是她比较接地气的一面了，小时候的她过得才是真正的公主般的生活，高中那会，家道已经中落了呢！

不过，十指不沾阳春水的女王却叛逆的不得了，大学毕业后，逃离了父母为其设计的安稳的公务员之路，一路向北，沦为北漂。如今的女王，早就不见娇情，只见真性情。叱咤风云，在狼群包围下野蛮生长。

想当初，北漂众巾帼英雄之一的女王大人，当年还是保持着小公主的懒散、娇情与随性。

说几件印象比较深刻的事，2008年我参加北京车展，因担心自己英语口语能力不够，特邀女王大人做友情顾问。还记得当时的酒店在鸟巢边上，距离展馆相当遥远。当时那里正在为奥运场馆进行最后赶工呢，到处都是坑坑洼洼的。

因为要避开早高峰，准时赶到展馆，所以我们早上必须要起得非常早。每天我要像连环闹铃那样呼叫女王大人起床，她总是不愿起，在床上扭动着哭爹喊娘。那哀怨可怜的劲儿，让我差点放过她，让她继续睡大觉。

还有就是关于翘班的任性。这事还是她自己说的：有一天，女王大人因为心情不好，觉得压抑难受，于是她就华丽丽地翘班了。翘班可比早退要严重，扣工资不说，少不了被老板一顿狠批！说这是不成熟、没担当、不靠谱的表现。

但是，不知从什么时候起（也许是失恋后），当年有些浑浑噩噩的女王大人，身上忽然有了股勇往直前的闯劲，带着一帮年轻个性的90后打天下，人生如开了挂一样，爱情、事业节节高。

如今已是叱咤风云的"女王"陛下，没有了矫情，反而多了份老母鸡护佑身边人的温情，就如她的偶像刘嘉玲一样，她身上有种与生俱来的"江湖气"，能吃亏，能为朋友两肋插刀。

这股与生俱来的"江湖气"，让她不管如何的忙碌，总是能抽空，利用她的资源去帮助下属，帮助身边的朋友，甚至是微信群里有需要的人。

04

作家君婷在她的《从矫情小公主到欢乐老母鸡》一书中说道："原来，每个女人的一生都是从矫情小公主到欢乐老母鸡的一条崎岖之途。沿路的每一条荆棘，需自己亲手斩断才算数。有时，甚至还要煮来咀嚼吞咽。个中滋味，无数涅槃。愿小公主死得其所，老母鸡浩气长存。"

她勾勒出女人一生从矫情小公主到欢乐老母鸡的趣味历程，教我们如何斩断从小丫头到老妇人道路上的情绪荆棘。

她甚至给出了具体建议，让迷茫的姑娘走出迷茫，迅速提高二商，拔高向上生长的能力。

从矫情小公主到欢乐老母鸡，我身边这样的女人实在是太多了。

谁不曾青春年少，谁不曾有个公主梦，但是后来，岁月也好，命运也罢，她们成了十足的女汉子，不管是优雅的女汉子，还是文艺的女汉子，都是自足自立，日夜拼搏，在哺乳期背着奶上班，孩子睡觉后继续自我充电……

写完此文，给闺蜜看了。她说，不喜欢"老母鸡"这个词，觉得土气，不舒服。她说她是小狐狸。可是，比起狐狸的狡猾灵动，我觉得还是老母鸡的宽厚庇佑和悲天悯人，更有吸引力。

愿小公主死得其所，老母鸡浩气长存。

挫折经历得太少，才觉得鸡毛蒜皮都是烦恼

01

有人一夜暴富，有人一夜暴穷。前者未必是幸运，后者未必是不幸。

李芳属于后者。那天的事，就像一场梦。她在房间看书，有人敲门，妈妈去开门，忽然冲进了七八条大汉。

听到妈妈的尖叫声，李芳赶紧跑到客厅。只见妈妈被几条大汉围着，那场景，她以为穿越到了《古惑仔》电视剧里，但自己却做不了救母的女英雄，反而也被人挟持。

那一刻她才得知，父亲的公司早已破产，并且负债累累。要债的人找不到父亲，便上门要挟母女俩，逼迫母女俩签字画押抵押房子。这还不算，他们说，父债子偿，天经地义，于是逼着李

芳替父还钱。

一夜之间，李芳变成了一无所有的穷人，不仅房子没了，车子没了，工作八年的积蓄没了，还背上了十几万的债务。

她陷入了绝望，心想此生恐怕就是条咸鱼，再也难翻身了。

然而，眼泪并没有什么用，要活下去，那就得挣扎，挣脱。

那一年，李芳带母亲租了个便宜的地下室，白天去公司上班，晚上干私活。为了能接到更多的文字活，她放下自尊心，给前老板、前前老板打电话讨活干。活儿不多的时候，就写文投稿，做自媒体，她开了两个公众号，天天坚持日更。

对于她来说，没有时间去担心未来，因为每时每刻都在螳臂当车。

如果这世界真有奇迹，那只是努力的代名词。整整两年，不分白天黑夜，她日夜耕耘，累了就和衣在沙发上小睡一会儿。但总会惊醒，梦到被追债，惊醒便继续写文。

两年不到，她不仅还清了所有债务，还有了一笔小积蓄，搬到了一个小区居住。

泰戈尔说："你的负担将变成礼物，你受的苦将照亮你的道路。"

未来，对于她，已经醒来。

02

坨坨是一个爱笑的女孩，因为长着馒头脸，我便叫她馒头妹。

馒头妹的笑容在她结婚第二年后，消失不见。

起因在于专坑亲戚的渣亲戚，她和老公买房的钱被表哥骗走，公公婆婆的所有积蓄也被这个表哥卷走了。

福无双至，祸不单行。接着，她父亲遇到官司欠下巨额债务，老公出轨富婆，离婚……一系列变故让她彻夜失眠，大量掉发，满脸冒痘，皮肤溃烂。

她拒绝了所有人的好意，她说："日子长着呢，我不能靠你们的同情心养活，我得'活'过来。"

也许是害怕别人的同情与安慰。她干脆去了另一座城打拼，选择独自一人扛起那段漆黑的路。

馒头妹重出江湖时是五年后。这五年，她经历了怎样的炼狱般的生活，我们不得而知。

五年后的馒头妹，像是逆袭女王，剪着齐耳短发，神清气爽，臂弯里有甜蜜的爱人，城市里有家有孩子。彼时，我们这一堆姐妹们，或刚迈入婚姻不久，或刚为人母不久，夫妻关系、婆媳关系、妯娌关系、柴米油盐酱醋茶，尽是一地鸡毛，纷纷向她吐槽。

她笑着倾听，却不说一句话，末了却说："你们过得真幸福呀，我好羡慕你们。"

"馒头妹，你存心取笑我们吧，这烦心的日子能远离一天是一天，你现在说羡慕我们，我们还羡慕你这逆袭的人生赢家呢。"

她说："我是真的羡慕你们，能为鸡毛蒜皮烦恼，说明诸位这些年都过得顺畅，没有大灾大难大挫折噬心。那几年，我连体验鸡毛蒜皮的时间都没有，趟在浑水里，心也变得混沌，只知道埋头苦干，忙着逆水行舟，力拔千斤，从来不曾体验到鸡毛蒜皮的感觉。"

我们面面相觑，竟没有一个人接话。相比她的那些经历，我们真是在自寻烦恼。

也许，真是挫折经历得太少，才觉得鸡毛蒜皮都是烦恼。

03

"先别去死，再试着活一活看。"

栗子生完孩子，忽然就瘫痪了，医生说是因为胎儿压到了某神经导致，通过治疗或许能恢复，或许不能恢复。

那是怎样的黑暗？没有在鬼门关走过一遭的人是体会不到的。

栗子虽然看上去很平静，但内心却天天上演着寻死觅活的戏码。活不下去时，望着襁褓里的孩子，就用"先别先别去死，再试着活一活看。"支撑自己。

她是坚强的，虽不能走路，却有辽阔的心。瘫痪三年，她在病榻上看书，和孩子互动，讲故事，涂色，玩游戏，写育儿故事。她声音好听，又爱读书，便坚持做线上读书节目。孩子和爱好支撑着她走过了一段又一段路。

虽然高位截瘫，但她依然将每天的生活安排得紧凑充实，以最大的努力和最虔诚的心去积极治疗和锻炼，以最大程度的爱去和爱人、女儿对话。

生命就是这样一个过程，一个不断超越自身局限的过程。

三年后，她身体有所好转，能慢慢走路了。彼时，女儿已成长为一个健康快乐、坚强懂事的孩子；夫妻俩风雨同舟后感情更深；她的故事打动了许多人，得到许多宝妈的关注，因而获得了意料之外的收入。

有时候，你承受的苦，反倒是你的福。

这就是命运，在这过程中我们遭遇痛苦、超越局限，从而感受幸福。

04

史铁生说："所谓命运，就是说，这一出'人间戏剧'需要各种各样的角色，你只能是其中之一，不可以随意调换。"

生活无奈，命运无情，日子不会迁就你，在某个时候，一切会变得越来越糟。

然而，不用告诉别人你有多倒霉，多痛苦，多无力，多烦恼，因为那都是无用功。别人安慰你的话再深切也是不痛不痒，我们能做的唯有坚强面对，拼尽全力去扛，去熬，解决一个个问题，直到希望重现，生活再次拥有光彩。

我们生来平凡，却染上了不将就的病

女儿十五岁时D姐离婚了！

多年的无爱婚姻，让D姐一直痛苦不堪，以至于内心的猛虎呼啸而出，终于，她放弃了安稳的小康家庭，结束了令她绝望的婚姻。

接着，她又放弃了历尽辛苦得来的高管工作，回家静养，并且还切断了与过去的一切联系。

父母苦苦哀求她，让她不要任性。她偏不。

一时之间，D姐成了世人眼里的"疯子"。

人们问D姐："你既然要了孩子，为何还切断自己的经济命脉？你到底想干吗？"

D姐说："我只不过是为了要做自己，追求真实的自我，追逐和自己匹配的白月光。为了追逐月光，就不得不放弃那些对自我进行绑架的一切身份。"

"因为，唯有丧失，才是通向自由之途。"D姐的解释让人们更把她当疯子。

也是，几天前，D姐还是个打足鸡血力求上进的女强人，她在职场上一直争强好胜，对自己有股狠劲，职场路几乎是一路披荆斩棘、势如破竹、高奏凯歌。这样的一个人，忽然就缴械投降，进入了几乎封闭式的斋戒般的生活。

人们纷纷猜测，或许她正在谋划另一条康庄大道。是的，D姐就是打算走一条谋划多年的康庄大道。她很认真地讲了第一次"人格分裂"的故事。

十七岁的D姐有种青春可人的美好，才华和聪慧在她双眼中闪闪发光，青春激扬却又显得落寞。她的好成绩让她一直受到老师厚待，但她的那些帮派江湖又让老师觉得格外生气，甚至觉得这孩子有点儿不可理喻。

但是，无论是在张扬青春的恶作剧里，还是在一本正经的学习考试里，D姐都觉得无法安放内心的自我。在她看来，一切无聊透顶，却又得尽力迎合。

后来，毕业工作，特别是对婚姻的态度，D姐选择了从众。男方算是书香门第的家庭，人老实，又同样是适婚年龄。那时的她，并没有勇气做一个特立独行的人，更没有意识到内心的野兽到底有多大的能量。所以，虽然纠结，但最终，D姐还是选择了嫁人，当一个良家妇女，守着家人、工作，计划着老老实实过完一生。

可是当孩子上学后，她忽然有时间审视自我了。以前被忙碌掩盖的本我，又开始蠢蠢欲动。D姐到底是个不甘沉寂于生活琐碎的人，她找了工作，并做得出类拔萃，一路高歌猛进，浑身金光闪闪。

然而，即使工作上的成就再辉煌，即使不断实现高难度的新目标，D姐心中仍常戚戚，仍惶恐不安，越来越难取悦自己，内心深处的那个黑洞越来越深，越来越黑。

生活就是这样，你陷进去了，要爬出来就会格外艰辛。

为了对并没有共同语言的婚姻负责任，为了对家庭负责，努力做出的那些其实是在自我蒙蔽、自我欺骗。忽然有一天，回头后，才发现，生命中已经没有了月光，手上攥着的只是几枚可怜的硬币，早已锈迹斑斑……女儿也在这种锈迹斑斑的生活中被伤害。

访谈中，D姐说："我这样爱折腾，是因为内心一直潜藏着一只桀骜不驯的野兽，特别是蔷薇花绽放的美好季节，这只野兽折腾得最凶猛。最终意识到这股力量后，我只能将其释放出来。"

是的。到底是什么力量，促使D姐放逐自己，过上一种"无所事事"的生活？又是什么力量，让过上中产生活的D姐，告别安乐的家庭生活和地位？她又将以什么样的坚硬外壳来保护自己？

这股力量我们在毛姆的《月亮与六便士》里见识过。

一个四十岁的伦敦证券经纪人，在家庭幸福美满、事业蒸蒸日上的情况下，突然有一天，他扔下自己结婚17年的妻子和两个孩子，去了外省，开始从头学习绘画，他要做一个画家。5年之后，他贫病交加，躺在小阁楼里奄奄一息，接受朋友的救济。后来，他沦落街头成了码头工人。后来跑到塔希提岛上去跟土著女人一起生活，只为追求艺术，画出自己的念想，最后双目失明，得麻风病而死，他的终极一画，却随着大火成为了灰烬……

在常人看来，他这种自作孽式的折腾，致使自己丧失归属地，丧失地位，丧失亲情以及丧失健康的身体，纯属活该。然而事实上，当事人也并没有想过要博取谁的同情。

他说："我必须画画，就像溺水的人必须挣扎。"

毛姆在《月亮与六便士》中说："我总觉得大多数人这样度过一生好像缺少点什么。我承认这种生活的社会价值，我也看到了它的井然有序的幸福，但是我的血液里却有一种强烈的愿望，渴望一种更狂放不羁的旅途。这种安详宁静的快乐，好像有一种叫我惊恐不安的东西。我的心渴望一种更加惊险的生活。只要在我的生活中能有变迁——变迁和无法预见的刺激，我是准备踏上怪石嶙峋的山崖，奔赴暗礁满布的海滩。"

离婚以后的生活，就是D姐以生命去实践真我的过程。或许会被人误解，或许会孤独凄清，但对于她而言，那或许才是生命的真正开始，才是比六便士更重要的东西。

离婚不是结束，而是本真生命的刚刚开始。

她再也不需要分身，她的经历自然而然，闲居在家，每天做自己喜欢的事，看书写字、种花养鱼……静静地在家调养身心，滋养心灵。

没有"离婚后逆袭"的励志劲头，也没有惨兮兮的再婚苦情故事，更没有后爸的狗血剧情。

改变接踵而至。首先令D姐惊喜的是，自从她离婚做出改变后，女儿也发生了很大的改变，不仅从前的愁闷和不开心被快乐自信替代，且学习态度也从被动变成积极主动，她变成了D姐心目中一直想要的阳光、积极向上的孩子。

而D姐自己呢？她经过一年的心灵静修后，做了一份心仪而又有一定空间的工作，遇到了生命中的真命天子。自从突破界限，人生就格外凶猛，扑向自由后，又扑向爱情，过得倍儿自在。

心境突破了，朋友圈也不一样了。D姐重新拾起以前的写作爱好，想写字的时候就写，想找人聊天儿的时候就入社群，并组建社群。给群里有需要的姐妹们解忧。她亲力亲为在这些闲杂事情上，但这些事情并没有在消耗她。她玩儿得很高兴，喜欢她的人也开心。玩儿着玩儿着事情也玩儿大了，D姐开了微信公众号原创标，有了一定的粉丝数，社交群也渐渐变成了自己喜欢的样子。

很多人都有不同的人格，但他们却将它如老虎般圈养起来，从少年到青年再进入成年，大多数人格，就像每个小孩子心里的老虎一样，慢慢被成长杀死。但像D姐那样，跳出来反抗，使"自己的每个人格都有机会活下来"的人太少了。

大部分人虽然心中有月亮，却还是选择了六个便士，当然这有世俗规训的戕害，但多数人是处于暂时养虎的压抑状态。

不管是外在如何光鲜的成功人士，还是日日操劳为老公、孩子三餐奔波的家庭主妇，每个人心里都隐藏着一只野兽，它可能逆潮流，可能不显赫不热闹，更可能是条一贫如洗的路，可是它却能让濒临死灰的生命个体，产生绽放自我光芒的力量。

正如D姐所说："它就是欲望的无穷止境，它让人不安，让人怀疑当下，不满当下，除非正视它的存在，勇敢与其周旋，保持精神上的警觉，激发最真实的内在生命力才可与之共存，否则自我撕裂之日将十分恐怖。"

你可以不漂亮，但一定要有教养

01

深夜，小美在朋友圈中写道："感恩生命中的贵人，今天起，我要扬帆起航了。"

照片中的小美羞涩，还有点儿拘谨，双手各捏着一个麻花辫的发梢，大大方方，眉梢眼角尽显温情，嘴角露出微笑。

小美有点儿耳疾，所以从大城市回到了家乡小镇。

三十二岁的姑娘，没嫁人，没工作，还得了病，这在小镇免不了被人指指点点。但她总能礼貌地与人打招呼，对人微笑，热心肠地辅导隔壁邻居孩子的家庭作业。

小美待人接物温婉客气，给人一种和煦温暖的感觉，就像岩石上的小雏菊，远远地迎风点头。

因为她的礼貌、客气和她发自内里的教养，小镇的人们渐渐认可了这个大清早跑步，用手机拍花、拍鸟、拍晨练老人的女孩。他们开始主动跟她打招呼，甚至开始关心她及她的家人。

她有烦恼吗？当然也有的，上有六十多的父母要供养，下有体弱的弟弟要扶持，而她自己，听力是一日不如一日了。此时，她急缺的是一份挣钱的工作。

抱着试试看的心态，她在朋友圈发了一条求职信息，居然就收到不少Offer，其中还有她特别喜欢的大V公众号邀请她做编辑。

互联网时代，圈子说大就大，说小也就那么小。

她曾参加过某社群的线下活动。当时，活动现场十分混乱，不少粉丝怨声连天。于是，她像工作人员一样，给人端茶倒水，以微笑对怒气，以春风对寒冬。后来活动又出现了小小的插曲，计划要出场分享的嘉宾，迟迟不上台。

眼看主持人陷入尴尬，小美就这样冲了上去。她很坦诚地告诉大家，她只是个"替代品"，但愿意倾自己毕生所有和大家聊聊与X社区有关的成长故事。

台下的粉丝提问，各种刁钻古怪和冷嘲热讽，主持人都为她捏把汗，她却能一一微笑作答。

人生处处是考场，互联网下的口碑传播更是影响深远。于是，有人不经意间就记住了这个教养良好的姑娘。所以，当她因病避世，需要帮忙的时候，就有人乐意为她提供工作机会。

如今，她成了一名身在家乡的自由职业者，而这份工作带给她的收入也远远高出小镇本身的物质水平。

02

有教养的人，会有一生的好运气。

胡姐就是这样的一位女人。无论别人如何黑脸、摆谱，甚至说难听的话，她都不会面红耳赤地与其争执。

我问她："你就不生气吗？他那样说你。"

她说："生气有何用，一般情况下，我选择忽略不计。"

胡姐现在是一家影楼的老板娘。十年前，她还只是一名家政钟点工。她工作一丝不苟，说话做事总会给人留白。在雇主们看来，她是一个芬芳四溢而不自知的人。

这种教养，让她身上流淌着一种贵气，这种贵气打动了一名影楼的老板娘。为此，老板娘聘请她做全职保姆，照顾孩子上下学。胡姐把孩子照顾得非常好，孩子也非常喜欢她。

老板娘见胡姐性格好，又会做事，便想将她长久留在身边，于是给胡姐加薪，让她同时兼职做饭阿姨的工作。

胡姐做的饭很受大伙欢迎，菜色丰富，还必配靓汤。但公司人多，大家口味不一，有人要吃辣，有人不吃辣。唠叨抱怨肯定难免，不好听的话也有。但她依然面露微笑，似乎并不在意大家的刻薄。私下里，她不断地改良菜谱，挖空心思做特色菜。

公司人多，茶水间一天到晚都是湿漉漉的，总有人把各种花茶叶、饭渣子倒在水槽里，导致水槽总被堵。胡姐虽然只是兼职做饭送饭，但到了公司，见到茶水间如此脏，每每也会主动收拾一番。于是，总有人喊："阿姨，这儿脏了，那儿也脏了，你擦擦吧。"

有时候，刚收拾好的水槽转身又堵了。某些员工自己不讲卫生，却大叫："阿姨，你倒是快来呀，水槽又堵了。"于是，只要在公司，胡姐便会被这帮员工指使得团团转，不是正在清洁厕所，就是拖地，或是冲洗水槽。

即使被大家当作保洁阿姨呼来唤去，胡姐也没有任何抱怨，倒是老板娘自己看不下去，时常替她打抱不平，大家的行为才得以收敛。

或许就是因为胡姐身上这股良好的教养和忍耐劲，老板娘觉得她做事靠谱、有分寸感、有教养，值得尊重。

所以当公司战略变革，在各城市铺设分店打天下时，老板娘总带着胡姐四处奔波，而胡姐的身份，也从钟点工，保姆，阿姨，上升到助理，分店店长。

有人说，胡姐运气好，遇到了贵人，从大字不识一个的保姆，蜕变成自己当家做主的老板娘。我却认为，凡事有果必有因，看胡姐年轻时的照片，眉梢眼角间有着一股喜气和坚毅，她大概天生就是一个能给人春天般温暖的人吧。我想这也是教养的外在表现。

03

黄渤，也是一个教养极好的人。有一次，他在机场被粉丝认成了王宝强，粉丝特别激动，一直拉着他说，非常喜欢他演的《天下无贼》。

黄渤虽然一脸茫然，但他马上就明白了：粉丝认错了人，将他当成了王宝强。

不过，他没有愠怒，也没有不悦，甚至还一直配合着粉丝，跟对方聊《天下无贼》，最后粉丝要签名，黄渤还认真地签上了王宝强的名字。

黄渤的热情和耐心让粉丝们觉得，王宝强好接地气，一点儿都不耍大牌。

事后有人问他："被错认为王宝强，你感受如何？"

黄渤说："替宝强感到无比骄傲。"

我想，一定是教养让黄渤如此善待宝强的粉丝；也正是这样的教养，让黄渤这样的男人，越看越帅，戏路越走越广，人缘越来越好，也成为越来越多女人的"梦想老公"。

明道副总裁许维说过一番话："人品是一个杠杆，它能够成倍地放大你的价值，也能成倍减少你的价值。"

而教养恰恰是人品的外在表现。一个真正有教养的人，会使人近而敬之，远也亲之，既能让他人如沐春风，同时也会让自己雨露均沾。

站在俗世的功利社交角度来说，好的教养就好比一把精美的钥匙，既能让他人赏心悦目，也能开启人生的智慧与财富之门。

也就是说，好的教养，既能共情，又能功利。甚至，我们可以总结出好运与教养的辩证关系——教养越好，留给人的印象也就越好，别人就越会帮你。

简而言之，你若盛开，清风自来。

再则，撇开功利社交来说，教养如清风，如朗月，让人既谦谦，又温润，能让人即使迎面撞上疾风骤雨，也不会暴跳如雷，能坦然面对人生起伏，能淡然面对聚散有时、阴晴圆缺，活出轻灵、洒脱、美丽且动人的人生。

美学家张世英说："人生四种境界：欲求境界、求知境界、道德境界、审美境界。审美为最高境界。"

有教养的人，大抵会追求一种欲求美、求知美、道德美及形态美，他们不是偷吃禁果还把过错全都推诿在夏娃身上的亚当，不会说出"就是那个荡妇引诱我，我便吃了"这样如此没有教养的话。

我想，他们大概就是那一类身处急流却能在心中修篱种菊的人。

他们能与人心平气和地讨论任何事情，遇到不公、不敬、不平也不会方寸大乱如临大敌；他们的手犹如魔法棒，脑犹如智慧库，凡事经由他们处理，混乱变有序，难堪变和谐，尴尬变活泼，呆板变有趣，如同深夜夜来香绽放，于安静中，不知不觉已改变不利现状。

"教养要有，但不是妥协，我们要在温柔里，不慌不忙地反击。"

愿你的坚持不要沦为偏执

01

大学考研那会，我常常羡慕我的闺蜜贺小蓓。她不仅人长得美，声音美，文章写得也美。但我羡慕的并不是这些，而是她那永远不知疲倦的活力与激情。

考研那一段时间，我像是被瞌睡虫施了魔法，无论我心里有多着急，还是会被它击垮，表现出来的症状是：永远都睡不够，睡不醒。而她，即使晚上通宵，白天也照样能去主持两场节目，能写一篇日志。

我猛灌咖啡，逼迫自己刷题库，却常常无意识地点头如捣蒜；而她，不需要咖啡，不需要闹钟，能熬夜赶稿，也能早早起床自习。

有人说：有梦想的人睡不着，没梦想的人睡不醒。

为此，我更执着于梦想，不想让自己在行动上落后于她，于是每每喝浓咖啡，熬通宵，几个闹钟齐上阵，就是为了逼迫自己能像她那样早起。

可是，我却无法做到像她那样精神抖擞，即使咖啡越来越浓，黑眼圈越来越重，也无法阻止我在自习课上越来越不清醒的神志，最后我练就了坐如钟的睡功。

记得当时是很有一番折腾的，但后来不但考研没成功，还落下了胃病。

当然考研不成功还有许多其他因素，比如目标定得太高，但如今回想当时的过程，印象最深的就是，如何和困顿做斗争。

02

后来，我彻底戒掉了咖啡。一是因为一喝咖啡就胃痛，二是因为新姐的话。

新姐是我童年时的偶像，她早年因为家境困难而辍学外出闯荡，凭借自己的努力与激情，在服装设计行业有了一袭地位。她就像我的闺蜜小蓓一样，永远充满朝气，看上去永远也不会累。

我向她倾诉关于精力方面的苦恼，问她，如何才能像她那样精力充沛？她给了几个字："累了睡，醒了工作，顺从自己的身体。"

看我一知半解，她又说："身体机能或许可以锻炼，但本质属性却很难更改，比如耗油多的拖拉机，怎么折腾也难以改装成性能强大的跑车。"

后来，我就想了一个办法，除了中午打个小盹，九点半到十点我也会小睡一会儿，果然就改观很多。

看李笑来的书，读到他写的，按时打盹，按时清醒，是需要锻炼的，便心有体会。我把自己的夜间睡眠时间缩短到4个小时。而后，中午12点左右的时候，找个合适的地点打盹30分钟。到了下午6点左右的时候，再找个合适的地点打盹30分钟。这样，我不仅削减了3个小时的睡眠时间，而且能让自己时刻保持充沛的精力。

后来又看到村上春树调侃他的午睡习惯："工作一段时间后，大脑渐渐变得恍惚起来，于是心想：'这可不行，只好睡喽。'躺下身去，立刻落入梦乡。不长不短，三十分钟便睁眼醒来。这样一来大脑特别清醒，情绪积极昂扬，马上便可以继续工作。"

便时常想起初中班主任的话来："过早读成功学，是一种戕害。"

因为成功学往往告诉我们：真正的顺其自然，是拼尽全力的释怀，而不是碌碌无为的平庸。

03

一个人不小心被卷入瀑布下的涡流中间，这个人被瀑布下的旋涡吸住，于是用尽全力向岸边游。两分钟以后，他的力量耗尽被吸入旋涡底部，然后尸体被抛到岸边。而对待旋涡的最好方式不是往外游，而是游向中心，潜入底部再游出来，这与我们学会的向岸边游的方式恰恰相反。

彼得·圣吉感叹："这个人用一辈子努力想达到的事情，在他放弃努力后两分钟就达到了。"

有的时候，人可以暂且放下执念，其结果往往会峰回路转。

我曾写过《与其迷茫，还不如去撞南墙》，我说宁愿在撞南墙的路上"动"起来，也不要在裹着"糖衣炮弹"的原地迷茫地等待。

是的，人不要因为迷茫而瞻前顾后，荒废了时光。行动力强的人做规划排除迷茫，行动力差的人却被迷茫拖累一生。

但也不应该一味裸拼前行，让自己分崩离析。迂回是一种人生战术，也是一种大智慧。当我们疲惫时，那就歇息；当我们苦恼时，那就哭泣；当我们绝望时，那就倾诉。

罗曼·罗兰说："生活中只有一种英雄主义，那就是在认清生活真相之后依然热爱生活。"

　　想来，真正的奋斗主义，是在认清自己之后依然拥抱梦想，懂得开启心智，持续努力，慢慢驶向彼岸。

　　法国诗人勒内·夏尔的诗句："懂得静观大地开花结果的人，决不会为失去的一切而痛心。"

在寂寞的时光里，逼着自己去成长

01

马云在一段演讲里说："未来三十年不是力量竞争、不是知识竞争，而是服务别人的能力竞争、是体验竞争。女人在未来三十年将会强大起来。"

早在2015年，马云就在"全球女性创业者大会"的演讲台上，发表过男性危机宣言：

"她们从卧室抢占了整个客厅，几乎是兵不血刃，大家心服口服。"

"请问有多少家庭现在是男人说了算的？几乎没有几个家庭是男人说了算的。"

"请问今天这个世界上，有多少非常重要的决定是女人决定的？其实也不少。"

......

当然，2015年的马云对于女性尚持有劝诫心态，如他说：

"一个跟男人作对的女性，绝对不是了不起的女性。"

"很多女性到最后很可悲。"

"女汉子其实很可悲。"

"女人要有女人样，这世界必须要保持阴阳平衡。"

但2017年的马云，则是发自肺腑地承认，女人蓬勃发展的这种势态：女人的黄金时代即将到来。

02

去年年底，表姐再婚。婚礼上她热泪盈眶，说感谢自己没有放弃，感谢自己扛过了所有艰难并遇到了现在的先生。

表姐刚经历过一场浩劫。原因是父母包办婚姻，以至于她嫁了"中山狼"，少不了被凌辱与殴打，就像红楼梦里的迎春一样，被各种作践。

除恶夫之外，她还有一个可怕的恶婆婆，整日骂骂咧咧，各种不堪入耳的脏话常常挂在嘴边。但为了孩子，表姐选择了隐忍。女人就是这样，习惯逆来顺受，除非被逼到无路可走，才会逼迫自己力拔千斤。

表姐说："在那场不幸婚姻的浩劫里，我被自己的原生家庭和恶婆婆、恶男人挟持，从来都是口袋空空、人格空空、脑袋空空，我根本就没有勇气反抗，因为我身无分文。"

又是一顿毒打，表姐在娘家哭诉，然而没什么用。爹娘最多痛骂女婿一顿，为娘的教育她要忍，她说："女人嫁了人，就这样，只能怪你命不好。"

她的命就真的只能如此了吗？都说现在的女人能自己做主，她为何就不能？那一天后，表姐忽然消失了。整整消失了五年，音讯全无。直到五年后，表姐蜕变归来。

她打扮利落，脸上有了自信，以前的那种自卑已经完全消失。她奔着离婚和孩子回来的，整个谈判过程中，以前那个唯唯诺诺的表姐不见了，取而代之的是一个泼辣、说话斩钉截铁的新女性。

对方死活不同意，表姐拿出五万元丢给那个爱钱如命的婆婆，老婆子就同意了。男人仍不同意，表姐拿出离婚诉讼书，告诉他："你不离也可以，那就由法院主持公道，只怕到时候婚你得离，钱你也拿不到。"

那男人本来就目光如鼠，听她这么一说，再加上他老娘在边上劝他，就同意了。

表姐说："那是我身上仅有的五万元，我都扔给了那个暴君，只求与他彻底划清界限。我想只要我勤劳肯干，以后肯定能挣到更多的五万元。"

五年前，绝望的表姐去了沿海城市寻求新生，她做过流水线工人，洗过盘子，摆过地摊，后来在一家美容美甲店当学徒，慢慢存了一些钱。再后来她跳出来自己干，在那城市里开了家小小的美甲店，她为人和善，又心灵手巧，生意自然还不错，至少能自给自足。

表姐说："在这个年代，只要女人肯挣脱困境，肯摆脱现状，就一定能想出办法活出自我，难得的是有这种自我意识。"

03

小张是两个孩子的妈，因为老公事业忙碌，她就牺牲事业，全职在家带娃。但她害怕自己被社会淘汰，其实更主要的是，老公给钱不积极，她不想因为拿点钱给娘家，而听他与婆婆唠叨。

带着两个孩子已经是够忙的了。但她硬是凭借一台电脑和一根网线，在这三线城市里，干出了一份收益还不错的活——给某公众号翻译外文文献。

她大学学的是英语专业，但本科毕业后就结婚生娃了，一个接一个地生，时间都在柴米油盐里流逝了。为了捡起专业，她在孩子睡觉的间隙背英语单词，在早上洗漱、做早餐的时候练听力，在深夜翻译文献。

一开始，她翻译的文笔还比较生涩，但她抱着不要钱的心态不停地尝试，虚心接受编辑给的意见，一遍又一遍地修改，后来就越译越好。而且灵感一来，还能写篇不错的鸡汤文投给一些微信公众号挣点稿费。

与此同时，另一个小城市里的单亲宝妈吴苏，每晚在孩子睡觉后，榨汁，和面，贴标签，打包，忙得不亦乐乎。她做的手工面条，绿色、健康、安全，而且她服务态度又好，深受宝妈们的喜欢，虽然价格偏贵，但仍天天卖个精光。

这生计发不了财，但是此阶段却解决了母女俩的温饱，也给了她继续走下去的勇气。当初离婚时，前夫说："你硬要离婚，我不拦你，但我敢肯定，有一天你一定会抱着我的大腿，求我复婚。"

但她前夫没想到的是，现在这个时代，是女性创业的黄金时代，女人大可不必为了经济问题而低眉折腰。

04

英国未来研究专家艾恩·培生先生认为：未来的职场对女性非常有利，随着我们的经济进入了服务经济的时代，许多女性已经开始担任要职，而且未来还会越来越多。

虽然，目前在政策上，并未有太多对女性事业推动的表现，但不可逆转的是，整个人类前行的进程里，女性的黄金时代即将到来。我们可以从三个方面做准备来迎接黄金时代。

1.意识准备。

你是否已经意识到女性是独立于男性外的个体？你的爱、性、责任，都首先要对自己负责。你需要为自己而活，而不是为父母、伴侣、孩子牺牲自我。

在过去的男权社会中，女人们依靠和听从男性，妇女没有独立的地位和生活，不断被男人剥削，然后自己也压迫其他女人。在那个疯狂的世界中，女性常常是牺牲品，这种牺牲在苏童的《妻妾成群》里更是得到了淋漓尽致的展现。

而女人压迫女人，最典型的要属张爱玲笔下的曹七巧。被男权操纵掉幸福的曹七巧，她妒忌儿媳，存心整治儿媳，盘问儿子房中的秘闻，在牌桌上渲染儿媳的"隐私"，逼得儿媳妇芝寿发疯，最终残酷地死去。

当下的时代，如果一个女人有独立意识，就能摆脱这种永身为奴的状态，比如我的表姐。所以，女人要独立，就得从意识觉醒开始准备，始终牢记：为自己活方能无怨无悔。

2.技能准备。

美国的未来学家丹尼尔·平克，在《全新思维》里面提到了决胜未来的6种能力：设计感、讲故事、整合、共情、玩乐和意义感。

再结合这一次，马云提到的互联网技术加速五个行业的变革：

一是零售行业，新零售。十年以后，零售不是思考怎么卖东西，而是如何服务好客户；二是新制造。未来的制造业会受到个性化、定制化的冲击；三是新金融；四是新技术；五是新能源。第三次技术革命的主要能源将是大数据。

我认为，未来需要有能讲故事、会跨界、能共情、走心会玩，还在新零售、新制造、新金融、新能源、新技术方面有一技之长的超级个体。我们可以按照这个清单来修炼技能。

3.身体准备

用身体换未来，那是没有格局观的表现。

医学已经证明，加班、熬夜，从疲劳到癌症，只需四步。长时间作息紊乱，致使身体功能异常，是癌症的最大诱因。

中国人推崇"哈佛的图书馆凌晨4点灯火通明"这类故事。事实上，不管是那句热血的"征服学习"的哈佛校训，还是哈佛凌晨四点半的照片，之后都被证明是伪造的——哈佛图书馆平常晚上10点就关门了，根本不会通宵营业。

所以，不要在别人的奋斗故事里，迷失了自己。保持适合自己的奋斗节奏，既要往前走，也要善待自己的身体。只有身体健康，才能有更多的创造力，也才能享受创造力带来的收获。

黄佟佟说："一个女人的黄金时代，最重要的是有个好身体，别的都是扯淡。"

是的，在黄金时代到来前，我们不但要修炼技能，更要像天才女作家严歌苓一样，"每天游个一千米"。这样在黄金时代里才能如鱼儿那样畅游蹦跶。

人生没有白走的路，
　　每一步都算数

第三章

其实这世界一直在温柔地对待你

01

又到了新年。尤记得2015年元旦放假前夕，接到玲儿的电话。电话那端的她特别愤怒："都是坑啊，说好的临时支援，可现在已经三个月过去了，今天却告诉我还要再等半年，归期遥遥无定。老板就可以这样坑人吗？"

待她平静下来，我对她说："对呀，老板就是喜欢给员工挖坑，要不然，他不是没事干啦。他是讨厌，但这也有一个好处，他注意到你了，他目前离不开你。如果你本事大，你翅膀硬，你就直接飞过这个坑好啦。"

"可是，我刚毕业，又近年关，我还能找到其他工作吗？"

"如果你内心纠结，觉得自己能力不够，飞不过这坑，那就干脆静下来，选择填平这个坑，然后走过去。其实，事情也没那么坏，说不定你老板认为你能扛起这份工作，就是想提携你，与其在幕后做单一的工作，还不如在客户那独当一面，熬个一年半载，说不定就会从深坑爬到了半山腰。那时，你可能就升职项目经理啦。"

"那如果他不给我升职呢？"

那你也没输啊。让自己踏上进步的轨道，翻过一个又一个坑。到那时，如果公司不给你升职，你再舍了他去，好工作必将如约而至。

现在的玲儿，早已是独当一面的项目经理，是公司最年轻的90后美女领导。

是的，她仍在当初的公司。她将单身狗的热情全部奉献给了工作与提升，当然回报也是丰厚的，填坑不到半年，她的领导就给她升职加薪了。如今，她更是成了公司不可或缺的中层管理人员。

02

岁末交接的时候，我喜欢翻看别人的年终总结和新年计划，因为这样可以得到到力量。

而最爱听的唠叨，当属于闺蜜亿伊的打怪史。

她绘声绘色、滔滔不绝地讲她一个人如何搞定几千人的演讲，讲她如何舌战群雄、斗智斗勇地签下大单。这样的故事，她经历了太多。当初的文艺女青年，如今已成长为内心同住着爷们和美娇娘的职场风云人物。

忆苦才能思甜，我说："还记得一年前，某人凌晨打电话给我，那架势似乎已经火烧眉毛了，坐立不安啊。"

她乐了，她当然记得那一通电话。

那应该是深夜两点了，我正做着美梦呢。忽然她电话来了，她说："我失眠了，睡不着，陪我说说话。"

我本以为她失恋了。

她说："比失恋更严重。我被我领导坑了，他昨儿让我先去杭州，然后说好今天他要赶过来的，但晚上却忽然跟我说，他还有其他的会议，来不了了，让我看着办。这真是一个好大的坑啊，让我一个人应对对方十几人的团队，我现在特别惶恐、害怕、担心。万一我搞砸了怎么办？"

末了，她说："为什么继上次被领导坑过后，我还会被他骗啊。"

是的。她有一位专爱给她挖坑的领导，每次都出其不意地将她推上前线。而闺蜜，我知道，她在那儿絮絮叨叨地说了一大堆之后，就会理清头绪，迎接挑战。

虽然，很多次她得一个人上战场。但她总能完美地打个胜仗。

闺蜜说："小时候我就常被父母、老师挖坑，被迫站在讲台上演讲、表演节目、当班长……毕业后又总是被领导'坑'，被迫提案、临时上阵谈判……但我领导说，这一招，他也是从他的前领导那学来的，他说，他现在之所以能创业并有一方天地，全都得感谢那些'坑'。"

"如果未来能像他那样站巅峰，我倒是愿意被他一路'坑'下去。"闺蜜乐哈哈地说。

闺蜜已是白领中的白领，而她领导则是财富新贵。果然，巅峰的人生，谁不是翻越千"沟"万"坑"千锤百炼得来的啊。

03

铁打的世界，流水的坑。人生就是由大大小小的沟沟坎坎构成，学会坦然面对，努力爬坑，你会发现，其实这世界一直在温柔地对待你。

傅雷说："功夫用得不够，没吃足苦头绝不能有好成绩。"

是的，有坑不怕，只要爬得起来，一定会攀上高峰，怕就怕你觉得待在坑底很舒服，不敢爬出舒适区。因为攀爬必然要接受身体、精神、意志上的煎熬。

然而，坑底的煎熬是培养前程的酒浆，只有在心理上、精神上多作准备，让意志千锤百炼，在行动上乐此不疲，才能翻过一个又一个坑，看到新的曙光。

年轻的我们，为什么会焦虑

01

张爱玲说："出名要趁早呀！来得太晚的话，快乐也不那么痛快。"

嗯，我要说的是历经14个年头才火，出名较晚的赵雷。赵雷红了。从2003年开始唱歌，到今天已经有14个年头了。

这十几年，他在走了很多路，喝了很多酒，攒了很多故事，做了很多选择，放弃了许多出路，他怀揣着对音乐的理想，和命运较着劲。

然而，就凭着一把木吉他，17岁的少年，放弃了大学里的平静生活，迎来奔波的风雨波澜，历练成了31岁的青年。

大冰打抱不平说："赵雷不红天理难容！"

倒是赵雷自己，在流浪与行走的路途中，坚持自己的音乐创作。不炒作、不假唱、不灌水。没有焦躁，没有狂妄。用尽心血写词，认真唱歌，不温不火，不急不烦，不焦不躁。

时光拿走了你的美丽，岁月带走了我的脾气，用心歌唱的人，仍然那么纯净。坚持梦想的人，那么美。

李笑来说："一个人有多大耐心，他的成功概率就有多高"。

再说张爱玲，那一句"出名要趁早"虽然传遍大街小巷，但真相是，她从四岁就开始读书写作，算起来也经过了20年的积累才崭露头角。20年，这期间她在冷板凳上写过多少字，看过多少书，熬过多少深夜？

但对于赵雷来说，火或者不火并不重要，重要的或许是他能继续做自己喜欢做的事。

02

现在的人们活得高度焦虑。急于求成。急功近利。凡事追求速成。

17岁到31岁，有多少人能为自己的理想付出如此多的耐心。

新年一过，身边又有一波人放弃写作，放弃自媒体了。是呀，增粉太难，掉粉太快，自媒体也开始遵循中国社会的发展趋势了，两极分化严重，大号越来越大，小号越来越穷。小作者写作全靠死撑。

但总有黑马杀出，短短半年，或一年，就又冒出了个大号。

细细阅读人家的文章，不能不服。人家质量高，人家坚持日更。在做到这两项之前，我们还真没有资格不服气。

所以，放下好高骛远，驱散浮躁焦虑，聚焦当时当地吧。

像朱光潜先生一样，终生恪守自己的座右铭：此身、此时、此地——凡此身应该做而且能够做的事，决不推诿给别人。凡此时应该做而且能够做的事，决不推延到将来。凡此地应该做而且能够做的事，决不等待想象中更好的境地。

03

春节一过，好多人的焦虑症又犯了。

宝妈们又陷入新一轮的选择焦虑症里，是让孩子留守呢，还是继续在家相夫教子。

成家后的每一年春节，都必须赤裸裸地面对现实，是继续在外漂泊，还是回家安营扎寨。

今年，五十二岁的婆婆，还拿人老了子女应该在身边来压人。大有父母已老，你们就好生在家安歇吧的意思。

每逢春节，在他们的念叨里，我是真的焦虑到怀疑人生。但，还得细细思量，到底是继续在外打拼还是回家啃老。

在老人的眼里，租着鸽子笼，吃着地沟油，这样的生活根本就不值得思量。可是，回到小城市又能做什么？曾经回来的人，花光所有积蓄后又跑了出去。来来回回折腾的，是回不去的故乡。

电影《布鲁克林》里，小镇姑娘艾丽斯离开家乡，独身前往美国布鲁克林闯荡，住在一处拥挤的集体公寓里，洗漱、上厕所经常需要排队。当她闯荡多年，重回家乡，眷恋家乡的美好风景和轻松时，却发现已然回不到曾经的故乡。

是的，在大城市里也许困苦，可有梦想支撑，日子过得有盼头，梦想在一点一点地靠近。而待在小镇，生活波澜不惊，人情循环往复，流言遍地开花，生活一眼看得到头。

艾丽斯再次离开故乡，做了一个坚定的纽约客和梦想漂泊者。

我想，漂泊的我们，即使未来不能衣锦还乡，内心也收获了丰富多彩的精神故乡。

04

毕淑敏说："一杯咖啡最重要的是什么？是水。一杯咖啡里98%都是水"。

对于在《中国诗词大会》上表现出众的武亦姝姑娘来说，她在比赛上的表现就好比2%的"咖啡粉末"，而在岁月里累积的诗词储备就好比98%的水，两者融合，成就了她游刃有余的心态，淡定从容的气魄与风骨。

如果说，出名的代表作是那2%的"咖啡粉末"，那98%的重复劳作则是更重要的"水"，两者融合才可以成为一杯香气浓郁的咖啡。

愿所有漂泊的、未漂泊的、小荷才露尖尖角的、默默无闻的人们，都能摆正心态，与时间成为朋友，玩儿似的努力，开心地享受付出过程中的丰富多彩甚至是跌宕起伏，至于其他功名利禄都是锦上添花。

修炼好自己，才是对人脉最有效的经营

有时候，某个我们一直不曾在意的人会在关键时刻拉我们一把。这些雪中送炭的人，往往却只是生活或工作中的点头之交，或社交网络里的点赞之交。

01

橙子是向日葵一样的女孩，性格明朗得像太阳，让我们这帮闺蜜被她牢牢地吸引在了一起。

那一日吃完饭，橙子给我们送了礼物，她喜气洋洋地说："恭喜我吧，姐妹们，我成功跳槽到了XX公司。"

橙子是动画师，从毕业后就一直在一家网络培训公司，做点简单的知识拆解动画。她的理想是成为一名真正的动画师。XX公司是这个行业最著名的互联网公司，这一跳，橙子离实现理想就已经不远了。

"你这个小妮子一声不吭就跃过龙门了。快告诉我，这公司你是如何'勾搭'上的？面试严不严格？我听说想进这家公司都得过五关斩六将才行，那些面试官都问了些什么呀？"有姐妹性急地问道。

橙子笑了："这次还真没费什么劲儿。我去年年底不是参加过一次动画设计交流会嘛。会上认识了两个人，还互相加了微信，不过平日也没怎么互动过，就偶尔聊那么一两句，最多彼此在微信上点个赞。前段时间，她们其中一个突然问我，有没有兴趣去XX公司上班？我当时那个心情呀，就像有人送我人民币，还问我开心不开心。好像突然被天上掉下的馅饼给砸中了，那一整天我都觉得热血澎湃。"

橙子接着说："那真的是点头之交带来的福利，那个人有个朋友是XX公司的中层管理人员，他们有个项目刚好有急缺岗，但左招右招都招不到合适的人，就问我那个朋友有没有可以推荐的人选。因为那个朋友见过我做的动画，于是就推荐了我。

我拿着作品去面试，没想到就成了，姐妹们，以后咱们除了跟闺蜜相聚，也要花点时间认识些点头之交呀。"

橙子说得轻描淡写，却让我们这帮姐们羡慕不已。要知道，

XX公司可不是想进就能进的，一旦进了，那就意味着年薪会立马上升几个等级。

02

曼姑娘最不爱往人堆里扎，凡事都喜欢静静地来，静静地去，静静地努力，静静地收获，是亦舒小说里的"静"女郎。

某一次因为主管抽不开身，不得不代替主管去参加一个酒会。因为是工作，所以即使再不乐意，也少不得去打招呼应酬，少不得留联系方式。

那一次之后，曼姑娘的微信里便多了几个点赞之交。后来因为行业展会，曼姑娘又见了其中几位一面，却并未深聊，只是点头示意。

不久，其中一位来公司拜访，恰巧又是曼姑娘和主管陪同。闲谈时，这人从主管那了解到曼姑娘还是单身，便调侃了她几句，说她像一株文竹，纤细秀丽，文雅娴静，得有好藤好树才能相配。

之后忽然有一日，曼姑娘收到这位点头之交发来的微信消息。对方发来几张樱花盛开的照片。曼姑娘礼貌性地夸赞了几句。对方说："樱花开放的时候，最容易不自觉地想起美好的人和事啊。"

曼姑娘脸一红，发了个笑脸过去。

对方说："我有一位老友，我曾说他是一株傲霜的松柏。那一日赏樱花的时候，我忽然就想起他来，后又想起你这样一位妙人，就手欠地把上次酒会上和你一起拍的合影发给了他。结果，那千年难得动心一次的人，方寸大乱，这些日子尽嚷嚷着让我约你，都好几次了。君子有成人之美，我发张他的照片给你，你若中意，便赴约一次，可好？"

曼姑娘看完照片之后，脸颊变得绯红起来，忽然想起红楼梦里宝玉初见黛玉时的那句话："这个妹妹我见过。"

后来，两人很快就确定了恋爱关系，走入了婚姻殿堂，并抱了娃。婚宴上，曼姑娘发自肺腑地感谢那位点头之交："你的偶尔想起，却成就了我一生的幸福。"

03

那么，如何让点头之交帮助到我们呢？

1.尽可能地多抛出"我信号"。

所谓"我信号"，有可能是某次沙龙里的露脸、点头示意，也可能是社交网络上的点赞、留言。

我们不知道哪段关系会在将来对我们的人生产生意想不到的影响，唯一能做的就是向生活中多释放些我们的"信号"。

现在有微信、脸书等非常多的寻找点头之交的途径，我们多抛出一些"我信号"，说不定某个时候它就满载而归了。

2.自己有硬本事。

想要拥有一份坚固的事业，光有点头之交肯定不够，还得具有过硬的实力。就拿橙子来说，动画虽不是她的专业，但一直是她孜孜不倦追求的兴趣爱好，她将大部分休闲时光都花费在了对这项爱好的打磨和提升上。所以，当"点头之交"带来机会时，她才能抓住，才能实现职业生涯的高起跳。

3.懂得适当释放求助信息。

想要得到点头之交的帮助，就必须要释放信息，而且是有分寸地释放信息，否则就会变成伸手党了。比如，如果李曼的主管不透露李曼单身，也就不会有后来的锦绣良缘。同样，当我们需要找一份新工作时，如果不主动透露信息，别人也无从提供帮助。

04

有时候，谈起朋友，我们总有奢求，并不自觉地将朋友分等级和种类。

比如，林清玄就曾用水做比喻，将朋友分为几种：第一种是河流型，他们把一切自己制造的垃圾都流向大海；第二种是池塘型，他们善于收藏别人和自己的苦痛；第三种是波浪形，他们总是一波一波找上岸来，永远没有静止的时候；第四种是大海型，他们接纳百川，但不失自我。

他说："从前，我们能在有友谊的地方得到心的明净、得到抚慰与关怀、得到智慧与安宁。现在有许多时候，朋友反而使我们混浊、冷漠、失落、愚痴与不安。现代人大都是'河流型''池塘型''波浪型'的格局，要找有大海胸襟的人就很少了。"

但对于点头之交，我们则没有这么多要求，我们不期望他们能拔刀相助，不期盼他们能分忧解愁，而且也不必花费过多的时间和精力去维护，这就不需要有什么心理负担。他们若能帮助我们，这是缘分，是锦上添花，何乐而不为？

再则，点头之交若有默契，顺其自然，也能在相同的波段里，变成君子之交。

点头即希望。从现在起，有意识地构建"点头之交"网络，以"锦上添花"的心态播种希望。

为什么你看不起的姑娘能挣到钱?

01

我喜欢的一个运营自媒体的姑娘,姑且称呼她为L姑娘,她做了一个实验,以777元/人的价格,推出一个全年专栏,希望收纳1000个深度读者。

本只是一个试验,没想到才几天,专栏订阅就破1000了,但数据还在噌噌往上涨。

777元/人,按照1000人算,收入为:777*1000=777000元

于是,有人眼红了,有人表示不解,更有人感叹:"就那个不入流的姑娘?也会有那么多人买单?"

这姑娘的确跟其他自媒体人不大一样,她不互推,不刷脸,不分享。

她不像是一个微信公众号运营者，更像一个纯粹的写作者，在自己的一亩三分地，默默耕耘，自说自话，不跟热点，不研究爆文写法，处江湖而远江湖。

就如她自己所说："我的朋友圈里，有很多的自媒体运营者，每天都有人分享他们是第N轮融资了，这个月已经第N篇10万+了。我羡慕他们，就那样远远地看着。"

如今，在默默耕耘两年后，她收获了1000+深度赏识者，1000+买单者。

她用自己的坚守与付出证明了一件事——当一名虔诚的写作者，并非是异想天开的一件事，不但能坚持自我，也能收获财富。

除了L姑娘，徐佳子也是一位曾不被人看好却挣得盆满钵满的姑娘。

02

那个炎热的夏天午后，徐佳子翘班了。

这个打扮得非主流的女孩，一脸郁闷地踢着易拉罐，漫无目的地在街上徘徊。

她的主管已经连续六个月在她的绩效考核上打了零分，这意味着，连续六个月她都没拿到绩效奖金。这让她愤愤不平。更气愤的是，她居然对主管打零分的理由无力反驳。

"你的脚本毫无新意，你没有给公司拓展一个客户，你没能给公司带来任何利润，你就是一个一无是处，还整天在办公室吊儿郎当的二愣子，不给你打零分，给谁打零分？"

虽然有理，但她还是掩不住对那个势利并刻薄的主管的厌恶。

她想："徐佳子啊徐佳子，你一定要站到这个主管肩膀上去。但她的主管可是一个十分厉害的女人，要打倒她，从哪儿入手呢？"

从写好一个脚本开始？那意味着她要研读至少上千本书，那要等到猴年马月？

一个快速的办法，就是抓住一个项目，打赢一场胜仗，赢得大老板的注意力。

但依目前的情况，这个上司是无论如何也不会将项目交到她手上的。唯一的办法就是，成为公司关注的焦点，成为大家信任并瞩目的人。

她在公司的周工作汇报上做了一次演讲，慷慨激昂，逻辑清晰，表达铿锵有力，PPT内容和结构也相当打动人。

她果然引起了老板的注意。当然没有人知道，这是她精心策划，连续两周忙到深夜的成果。接着，她借此契机，改变工作态度，凡事都争着去干，尽量表现优秀，私下努力读书和研习写作。

她很幸运，不到半年，就等来了机会。

有个项目需要外派项目经理。因为项目时间长，又在一个偏僻的三线城市，没有人愿意去。

徐佳子自告奋勇去了。就是这一年，她的命运得到了改变。

一年时间，她不但圆满完成了这个项目，还协助客户在半年不到的时间里立了两个项目，并一一拿下。到年底，客户还主动介绍了另一家公司的项目给她。

毕业不到一年，年挣三十万，并拿下几个大项目。

她是如何做到的？没人知道。

"徐佳子用的一定是美色。"有同事猜测。

不过，接下来的几年，徐佳子用行动证明了自己的实力，让流言不攻自破。

03

身边这样的人实在不少，看到别人取得成绩，或愤愤不平，或恶意揣度。

他们说："就那个整天写碎碎念没营养的妞吗，她也能一年挣数百万？"

他们说："一个女孩，短短一年就能青云直上，不是潜规则，是什么？"

我曾羡慕那个自媒体姑娘，也羡慕过徐佳子。但我更知道她们有多努力。

那个自媒体姑娘白天工作，晚上写稿坚持日更，一年时间出两本书，半年多时间还清累累债务。

而徐佳子，她是我以前的同事，看得见的励志榜样，是身边行走的挣钱样本。

这样的姑娘还有很多，她们普通、平凡，似乎没有惊人的才华，却能在某个瞬间爆发，取得惊人的成绩。我在阅读沙恩·斯诺的《出奇制胜》时，眼前总浮现这些姑娘的成长故事，所以想试图结合这本书的部分观点，总结她们成长的"出奇制胜"点：

1.像"换梯"者那样去思考，像创业者那样去行动。

沙恩·斯诺在《出奇制胜》一书中指出：换梯术有助于免交过路费，缩短"更大或更好"的游戏周期。

所谓换梯，比如，赵薇、杨幂等艺人在演艺圈努力打拼，取得成绩后，换到导演、制作人或其他领域的梯子后，依然能扶摇直上。

又比如现在的自媒体创业，对于一个从零开始写作的作者来说，这是一个漫长的线性发展过程。但对于"咪蒙"们来说，这只不过是一个换梯的过程。

"咪蒙"们在期刊或博客耕耘多年，文字功底深厚，有一定的粉丝积累。她们做自媒体，种子用户几乎就只是一个导流的过程。换梯之后，有了种子用户，又像创业者那样死磕，发展势必迅猛，这就是旁人看起来的"平步青云""一夜爆红"。

徐佳子深谙此理。后来她离开公司，自己创业，不到一年就开始盈利。看起来，她是艰苦的创业狗，但实质上她只是换了架梯子。所谓创业，还是对之前工作的一脉相承。决定创业前，徐佳子就已经在思考谋划和布局：如何借助现有资源进行创新，如何借力现在公司。

2.走智径，而不是走捷径。

捷径可以是不道德的，而智径则必为诚信的捷径。

走了捷径获取钱财的姑娘往往后悔不已，比如裸贷的姑娘，比如被圈养的小三。而智径则是一种横向思维模式，让我们不再沿着预定路线稳步向前，而是出奇制胜。

对于L姑娘来说，要抵达自己的内心，做一个理想的写作者，靠"作品"吸引粉丝是智径，靠互推反而是捷径。当然，她的这种做法让她成为别人眼中的异类。

但对于她自己来说，这的确是一条缩短行程的智径，她的坚持让她成为粉丝眼中的清流，他们爱她，所以在专栏推出后，愿意出资"包养"她。

对于徐佳子来说，恶搞上司那是捷径，但她没有那么做。她选择展现个人才华、努力工作并接受外调这条智径。当然，横向思维并不能代替艰苦的工作，它只是缩短行程，日后依然要付出艰辛的劳动。

3.不只是肯干，而是更加会干。

徐佳子说："外派的那一年，我是野蛮成长的。但我一直在和自己较劲，除了晚上5个小时的睡眠，其他所有时间和精力都放在工作上。我当初的想法很简单，要用丰功伟绩，换我上司的职位。"

徐佳子不但肯干，也会干。她采用精耕细作法，服务每一个客户，深挖客户的需求，客户自己意识到的，没意识到的，她都采用项目制的方式挖掘出来，将之方案化，并交上大于100分的答卷。

4.不蛮干，懂借力。

薛宝钗说："好风凭借力，送我上青天。"

沙恩·斯诺说："在平台时代，创造性地解决问题比工作技能更重要。"

善于借力，任何人都可以让自己的事业和人生加速前进，缩短行程。方式有很多种，比如拜师，借助大平台，抓住某种浪潮等等。

创业初期，出于对成本的考虑，徐佳子并未招多少员工，公司员工不能胜任的复杂工作，她都采取外包的方式解决。有的大项目还会采取和原公司合作共赢的方式。同时，借助原公司的品牌力量去投标也是常有的事。

　　虽然这世界没有所谓的"挣快钱"，但成功有的时候并不是按部就班，逐级升迁。找到适合自己的"出奇制胜"点，抓住浪潮，站上风口，也能快速学会飞翔。

你的奋斗姿势，正在拖垮你

01

李曼发了一条朋友圈："一个人一生到底需要挣多少钱？没有这么多钱就不能好好生活了吗？"

接着，她晒出了好几张蓝天白云和油菜花田中蜂舞蝶飞的图，并配文字："这些家乡的大山大水，菜花蜂蝶都是免费的。"

李曼以前是一位雷厉风行、雌雄合体的女强人。她从底层做起，不到十年，买房买车，开公司，是众人眼里的人生赢家。

然而，这样一位他人眼里的人生赢家，却认为自己远远不够，她说："每年一回老家，看到那些大企业家为家里盖洋房，买黄花梨家具，就连小朋友的书桌都必须是紫檀木的，我就会自卑，我这才哪儿跟哪儿，远远不够啊。"

于是，李曼便更加拼命向前，一心想搭上事业的高速列车，实现人生的更大报复。我们更是见识了她的疯狂，平日里，她就像只老鹰日日盘旋在公司的这片天空中，盯着公司的这帮职员，不放心，不放心，忙，忙，忙到整夜整夜失眠，焦虑不安。

她说："没办法，我慢不下来。越干事业就越觉得自己贫乏，无论是知识上还是见识上，越努力，越发现自己的苍白。为了驱赶这种苍白，只能拼命向前奔跑，所以根本就停不下来。"

这种奔跑带来的成长也是野蛮式的。抗战十年，她在知识、资源、能力等方面的扎实储备，助她打开了一片崭新的天空，如今她事业葱茏一片，但更是忙到爆。

用她自己的话来说："自毕业到现在，十年来一直在忙工作，忙事业，除了出差与春节回家，基本没有外出旅行过。一颗小心脏全在事业上扑腾，即使孩子的到来，也没有减缓她的脚步。"

但忽然就大病了一场，医生说是由于压力太大，焦虑所致，说必须放松，不能再忙下去了，再忙下去，恐怕身体会崩盘。

李曼自己也说："有时候，焦虑感一上来，就会产生'无力感'。真的是太忙了，再忙下去整个人都得浮躁到死。"

于是，她请了职业经理人，将自己从初创公司抽离出来，游山玩水去了。一放松，才发现以前因为执念错过了那么多美好。

02

列夫·托尔斯泰在《一个人需要多少土地》中，讲了一个故事：
一个叫作帕霍姆的地主向巴什基尔人的头领购买土地。

头领告诉他："我们的价格一直不变：一天1000卢布……我们
以天为单位卖地。你一天走多远，走过的土地都是你的。而价格是
一天1000卢布……但有一个条件：如果你不能在当天返回出发地
点，你就将白白失去那1000卢布。"

帕霍姆是一个非常拼命的人，第二天天刚蒙蒙亮，他就开始出
发了，并非常努力地往外走，一直向前向前，直到奔跑到尽头，不
得不往回走，却发现自己走得太远了。于是他用尽全力狂奔回来，
那是用生命在狂奔，终于，他在最后一瞬间回到了原点，但是却吐
血而死。

帕霍姆死后，他的仆人捡起那把铁锹，在地上挖了一个坑，把
帕霍姆埋在了里面。

列夫·托尔斯泰写道："帕霍姆最后需要的土地只有从头到脚
那么一小块。"

我的那位上司说，自己就是有"帕霍姆情节"的人。"帕霍姆
情节"的人拥有强壮的手脚或发达的大脑，却没有胃，他们感觉不
到幸福，总是觉得自己拥有的不够多，只有饥饿，所以拼命努力，

膨胀欲望。

他们不明白，这世界上总有人会比他们更成功，更优秀。他们总是渴望得到更多！结果却丧失了感知幸福的能力，酿造悲剧。

03

与之相反的是另一类人，那就是迷茫的"游荡人"。

高考落榜后的表妹，一度无法排除自己的忧伤，她足足躺了一个暑假，每天在院子里看着太阳一寸一寸地沉进山头，迷茫也一寸一寸地侵蚀心头。

早上总是起不来，非要阿姨一遍又一遍的叫，叫醒了吃完饭溜达、发呆，继续睡。

阿姨是个有耐心的人，想着娃儿都会有迷茫期，这一段时间过去之后，她一定会振作起来。但一晃半年过去了，表妹也没有要出去找工作或学一门技术的打算。

孩子不规划，大人就帮忙规划。阿姨托人为表妹争取了一个造型师助理职位，带她的是苏州圈内小有名气的造型师，是阿姨大学同学的女儿。

表妹兴致勃勃地去了，但不到一月就回来了。阿姨追问其原因，但左问右问这孩子也不开口。无奈之下，阿姨只能打电话去问朋友，这才知道，表妹吃不了苦，跟剧组跑场有时要早起晚归，她总是起不来。一开始人家还叫她起床，但每次叫了之后，表妹还是起不来，由于时间特别赶，人家也就顾不上她了。

对方又犹犹豫豫地说："孩子有点儿懒呢，做事不主动，吩咐做事或拿东西，也是磨磨蹭蹭的。而我女儿性子急，容易着急上火，就说了您女儿几句，没想到这孩子第二天就不告而别了。"

阿姨没办法，又不能看着孩子整日葛优躺、玩游戏、看电视、睡大觉，只能再找关系，再托人，但依然是干不了几个月就不了了之。最后就变成在家闲荡，等着嫁人。

我问她："为什么不去做点自己喜欢做的事？难道你就没有喜欢做的事情吗？"

表妹说："我迷茫得很，不知道自己喜欢什么，做什么都觉得无聊又无趣，对于未来也无力得很。"

我拿龙应台在《野火集》里说的话劝诫她："在你没有亲身试过以前，你不能说'不可能'！在你没有努力奋斗过以前，你也不能谈'无力感'。"

但她说："奋斗呀，那得多累，姐姐你拼了那么多年，最后还是嫁给了一穷二白的姐夫，还不如那些什么都不做却嫁给富裕人家的姐姐们呢。"

这一席话，竟然说得我不知从何反驳。或许，等到哪天空虚感吞噬内心的时候，她才能了解到自我奋斗带来的内心充实感和愉悦感的重要性。再说，小小年纪就想靠男人，那也得男人靠得住啊。

04

对待生活和工作，需要我们把握一个度。不能一味忙忙碌碌，疲于奔命，也不能或被动或主动地沉溺在清闲里。

清闲虽然舒适，但不宜贪多，更不能一劳永逸。久了，就会堆成懒惰习性吞噬生活与激情，抹杀大好年华与时光。

而忙碌到极致，容易陷入焦虑循环的怪圈，最终导致一种焦虑代替另一种焦虑，一种欲望代替另一种欲望，无法好好享受生活。

生命就像一条小河，我们要善于调整自己生命之河的宽度，控制其流速，太快太汹涌，当心被焦虑之浪吞噬。同样，太缓慢，甚至是静止不动，则变成一潭死水。

林清玄说："一个人刚被闹钟唤醒的时候，就处在半梦半醒之间，如果一听到闹钟响，立刻能处在清醒的状态，这种人在佛教里叫作'慧根'，如果闹钟怎样叫也叫不醒，甚至爬起来把总开关关掉，这种人叫'钝根'。一般人既不是慧根，也不是钝根，而是'凡根'。"

我们虽然没有慧根能彻底地觉醒，但我们也不是完全迷梦的钝根，我们一般人都是介于梦与醒的边缘，都是在半梦半醒之间，在某些时刻，我们既能孜孜不倦，也能将心放飞到晴空丽日里。

这才是一种清明的生命态度。

愿你在身未老，颜还俏，心未枯时，该努力奋斗时努力奋斗，该放松休息时放松休息；也愿你成为自己的太阳，按照自己的频率发光发热，不浮躁，不懒惰，从容地在光芒里走过。

真正成熟的人，懂得掩藏自己锋芒

01

丽丽，我眼中的斜杠小鲜女。

丽丽在我眼里一直都是非常不错的女孩儿，她不但漂亮，而且工作能力也非常出色。

丽丽在我以前的公司实习了两个月，这两个月里，几乎人人都对她赞不绝口，说她长了90后的身段，却安了80后的心智。

对于这孩子，我们这帮80后傻大姐是爱极。

特别是A姐，A姐更爱丽丽，因为丽丽这孩子可以任由她捏。A姐为人直爽，做事讲究精益求精，服务客户更是精细化。为此，一个方案，小到图片的配色，A姐都可以让丽丽改N次，她都乐此不疲。

B姐爱丽丽，是因为丽丽做事靠谱，行必果，果必报。B姐做事讲效率，她同时负责一百来个项目，却仍能做到准时上下班，当然她不喜欢一对一的啰里啰唆，项目大会之后，平日就是通过邮件发放工作需求与日程安排。

丽丽作为一个新人，虽然经验不足，但她肯学习，拿着笔记本，她向项目组里的每个人请教，也包括B姐。结果，丽丽的工作任务完成得非常漂亮，她同时还主动协助其他同事完成项目。

我喜欢丽丽，是喜欢她的灵气，凡事不用多说，一句话点拨就能明了，悟性奇高，非常聪明。

招人就该招丽丽这样的，颜值高，智商高，条儿正，靠谱儿。但人家为了爱情，要奔赴帝都，那就只能放了这条美人鱼并遥寄祝福了。

02

剧情急转，丽丽在新公司却没有过试用期，接连两家公司都没有正式聘用她。她在微信里哭得稀里哗啦。

我很纳闷。挺好的姑娘啊。就算我一个人看错，A姐和B姐也不至于看错啊。

然而事实就是这么残酷，丽丽就是在两家公司的试用期里被刷了下来。

我问她："丫头，你是不是犯什么错误啦？"

她说："没有。"

我问："那你是不是没有团结友爱（搞好革命友谊）啊？"

她说："肯定啊，我还帮他们分担了很大一部分工作呢。"

我说："那就是你领导品位有问题？和你气场不合？"

她说："领导夸我很聪明，很能干，但是第二天却将我辞退了。"

……

几个问题下来，我隐隐约约有点儿明白了，便说："下一份工作，试试不要那么积极，不去主动揽事，就高质量准时完成分内工作即可。"

"为什么？"

我笑了笑说："每个公司的人文环境都是不一样的，作为一个新鲜人，在没有弄清庙宇大小、水池深浅的情况下，就极力向上，盲目揽事，很容易一不小心就被妖风卷入，白白被那浅水处的王八挤对走了。"

03

大约过了一个多月，丽丽发来消息说，已经被新公司提前转正。那日，我和Ａ姐、Ｂ姐刚好在一起吃饭，就把丽丽这事拿出来聊了一下。

Ａ姐说："你这么一说，我倒是想起了诸葛亮与刘、关、张的关系，诸葛亮太闪耀，得到主公的器重，想来他和关、张两人的关系没有好到哪里去。有的时候，完美和闪光会让人嫉妒，偶露笨拙才会让人觉得'亲民'。当一个新人占尽所有风光，让别人无光，估计没人希望能让她久留吧。"

再说，释放光芒是需要情商的，你一人干三人的活，那别人的饭碗不都是被你砸了？

Ｂ姐说："人是一个多面体，职场更是一个多面体的江湖。作为领导，要权衡的有很多，团队里需要有孙悟空这等灵活、高效率地往前冲的一线人员，同时也需要沙僧这类踏实肯干和猪八戒这类调动氛围的职员。但如果孙悟空不捣乱全力献殷勤，他就会把猪八戒、沙僧的工作都抢着做了。想一想，现实的职场里，谁想成为多余的人。"

所以说，丽丽还是太年轻，智者游刃于职场，靠的不仅是四两拨千斤的功力，有的时候，还要学会收敛光芒、借点光给别人。

我把Ａ姐、Ｂ姐的话转述给丽丽。丽丽感叹道："的确如此，以前只是一心想表现好，可能过头了，现在收敛了很多，也顺风顺水了很多，可是有时候却觉得心里'憋屈'。"

我笑了，说道："丽丽同学，何必急一时之施展，咱不要小光芒，但要追求大光芒，这需要讲究方法论，我们隐忍，蛰伏而居，勤力修炼，秘密练兵，待有朝一日，破土而出，可好？"

04

有一个关于英国前首相撒切尔夫人的故事：一天，撒切尔夫人回到家，敲门让丈夫来开门。丈夫问："敲门的是谁？"，撒切尔夫人想都没想就回答："英国首相。"可等了半天丈夫也不来开门，于是她又敲门。丈夫问："敲门的是谁？"，这回撒切尔夫人回答："您的妻子"，不消几秒，丈夫就笑嘻嘻地把门打开了。

看来，不仅是职场，婚姻家庭的经营都需要双方灵活收敛光芒。一个人的光芒决定了我们能否相吸，决定了我们能否做伴侣、同伴、同事，而最后决定我们能否愉快地一起生活，一起共事的，却是自降光芒的意愿。

这，不仅仅是一种职场升迁力，一种善解人意，更是一种处世能力。

二十几岁，如何让贵人愿意帮你

01

先出一道思考题：

同一个公司里的两个姑娘，颜值相当，年龄相当。一个上班时相当安静，按时上班，工作做完看网页；该下班时一定准时下班，没做完的工作明天再继续。

另一个，每天在公司异常活跃，忙完本职工作后及时找领导反馈，有新任务做新任务，没新任务找同事聊天，顺便帮同事解决一些燃眉之急。

你猜，如果领导只提升一位，会选择谁？

当然是第二位姑娘！

文就是这样一个姑娘，她是狮子座，也具有这个星座的典型特征：拥有打江山的统帅风范和强大的意志力，遇到困难能往死里扛。

自毕业踏入那家公司，文好像就在那里扎根了。最美年华里的汗水，全都挥洒在公司这片沃土里。

她的第一次升职，几乎是十分轻松就干掉了对手。提拔她的，正是她的主管。主管想另谋高就，提拔她之后，还十分用心地带了她一段时间。

再一年，她被提拔为经理，提拔人正是前任经理。他自己升职为公司总监，在他升职的功勋里，当然少不了文的辛苦付出。文这个丫头，猛干起来，可以连续两周每天只休息4小时，她勤力交上的职业答卷，也是她的前任经理的在任项目业绩。

前任经理不提拔她，又提拔谁呢？

文的履历最深厚，她的敬业精神也是有口皆碑的。总监离职时，文升职为总监职位，几乎是水到渠成的事。

她是有能力有魄力的姑娘，似乎一个人活成了一个公司，不仅能单枪匹马说服一个团队，还擅长从容应对各种突发事件。

她带的团队十分稳定，招过来的小姑娘小伙子如同她一样，入公司就像入学，来了就想生根发芽，也渐渐变成了她那样能熬夜能打仗能疯玩的队友。

她公司的副总是位"佘太君"似的老江湖。这半年她带着文东奔西走，似乎是想把毕生的资源都转介给她。

空降而来的事业部高管，对此有些不服气，觉得副总有私心，偏袒老员工，说她以资质论英雄。

副总说："若不服气，可以加入竞争。"

不到一月，对方就选择乖乖退出。

走的时候他愤愤不平地说："那女人要钱不要命了吧？一月出八趟差，我这样一个男人都觉得累，她一月十几趟差，还得带着各项目工作在路上完成。人又不是牲口，不带这样使的，这公司太没人性了。"

经历这一风波，更加深了副总对文的偏爱。

既然姑娘自己想要、想学、想往上爬，她"佘太君"便成全她，连上天都助自助者，更何况她这个凡胎肉体呢。

就在几天前，文在闺蜜群里公布好消息，她已正式被任命为公司副总。而"佘太君"则去享儿孙福去了。

纵观文的职场生涯，几乎一路都是贵人相助，助她从一个一无所有的青涩大学生，成长为一个年薪百万的女魔头。旁人羡慕不已，纷纷说她命好。

可那些火眼金睛的老江湖，那些内心有乾坤的职场老手，为什么就愿意出手帮助她这个一穷二白，长得还不美的姑娘呢？

我想，最大的原因就是：

1.非常努力，还很拼；

2.有足够强大的内驱力；

3.目标明确，愿意往上走；

4.靠谱，能成大事；

5.能给提携者长脸。

如果你具备上述要素，我想只要你能熬得住岁月，就一定会有人站出来给你机会，帮助你成长。

02

闺蜜刘小美因走路像一阵风，故人称风一样的女子。

她那一头稻草式的头发，被她扎成两根麻花辫。思考或发呆的时候，最爱两手各捏着一个发梢，来来回回在胸前摆荡。若是你此刻叫她，她必手捏发辫，望着你露出一张明媚的笑脸，那一双眼睛就像深海里的电鳗，滋啦啦地放电。

刘小美是名记者。在没当记者之前，她是一名兼职活动主持及模特，正职是某文化公司的市场拓展人员。

她每天都是精神奕奕的，公司有活动，她总是自告奋勇当主持人，有人寻求帮助，她也总是尽其所能。

不工作的碎片时间，她都用来读书和学习了。在公司，几乎所有人都知道她有个当记者的梦想。从她那时时不忘读书和提升自我的努力中，让人很容易想到她的梦想。

她的出现几乎是自带配乐。有她的地方，你会感觉春风吹拂、花香扑鼻，觉得有了希望和力量，活着特带劲。

有人评价她说："刘小美这个人，就像一轮满月，让人在身处黑暗时，内心泛起皎皎之光。"

大家都喜欢她，看到哪儿有招记者的广告，一定会第一时间告诉她；参加媒体活动，也会想着带上她。而那些有能力帮助她的人，也都喜欢她这种生命状态。

她后来能当上记者，也得益于她当时老板的极力推荐。当然，最后成不成，还在于她的实力。

03

青青是我以前公司的实习生。她的特点是：拼、省、倔、执着。她从广西跑到深圳来实习，实习工资每月一千五。

拼，那个时候的她，每天都在公司忙碌，即使回到宿舍也在加班；省，她一天只吃一顿饭，换洗的衣服就只有两套；倔，拒绝同事的接济，大家心疼她，总想变着法儿请她吃饭，她总是能推就推；执着，修一张图修到完美，即使老板觉得已经很好了，她晚上仍留在公司继续修图。

省了半年，她买了一台二手相机，开始拍照，拍大街小巷，拍人来人往。

这时我们才知道，她有个摄影梦。

她千里迢迢来这公司，也是因为老板博客上的照片吸引到她，她期盼在这里能开启她的摄影之梦。

她是一个努力到让人心疼的姑娘，几乎人人都想去呵护她。老板一个月就给她转正了，不到六个月提为设计主管，一年做到设计总监。

她有天赋，又够努力，用行动回馈了信仁她的老板。

但她不忘自己的摄影梦，工作之外的所有时间和精力，都用来实现梦想：和公司摄影师、和老板探讨摄影技术；她将她拍摄的作品印刷成明信片，送给大家；她免费给大家拍写真；她将自己的作品投递给各大杂志主编。

贵人们爱帮助那些既拼又努力且心思单纯的人。

公司有一位同事离职后去了某著名的杂志公司，后来该公司招摄影师，他很自然地想到了青青，并且推荐了她。

老板对她的提携也是不遗余力，他在她的设计师路上可谓倾囊相助。如今姑娘要变道而去，他虽然很不舍，但为了她的前途还是放了这位爱将。走时，他对青青以后的职业规划提了中肯的建议，日后还介绍各种性价比高的私活给她，对她倍加照顾，直到她在摄影领域打下另一片天地。

我想，青青在实现梦想的路上，走得如此快，不能忽略贵人的相助。

04

人在江湖漂，有一个明月似的人存在，远远地引导着你，时时勉励着你，就足以把曲折的弯路走直溜，把泥泞的混乱涤荡为清流。

如果没人帮你，别着急抱怨自己的命不好。想一想，自己是不是不够努力？是不是驱动力不够？是不是做得不够好，所以没人帮？

想要求仁得仁的前提是：所有的努力，所有的热情，所有的付出，都必须发自肺腑。

那些没有原动力的行驶，只是滑行而已，稍有阻力就会停下。

电影《天堂电影院》里，戏院放映师艾费多对多多说："不准回来，不准想到我们，不准回头，不准写信，想家时要熬住，忘了我们。要是你失败逃回来，不要来见我，我不会让你见我，懂吗？"

贵人们希望看到的，大概也是——你昂首挺胸活出成功的样子来。

只想和你
过好这一生

第四章

在你面前，我有种欢天喜地的窝囊

01

每次见到陈莲的男朋友，我都怵得慌。

怎么说呢！一米八的大长腿男生，被陈莲训来训去，他却像贾宝玉哄林妹妹似的，低声下气，傻笑着伺候陈莲。

哄女朋友是每个男朋友都该做的事，这本身让人感动。但关键是，这俩人的言行举止画风对比太强烈，就好比慈溪对李莲英，太平公主对武攸暨，哪里是平等相爱，分明就是主子与仆人。

陈莲是我曾经合租的室友，她说话做事都讲求效率，做事风风火火，脾气也极为火爆，就像盛夏里被正午骄阳烤裂了的干柴，一触即燃。她总是一言不合就开撕，一言不合就开骂，尤其是对她男友阿鹏。

她的男朋友是她的高中同学，俩人高中就在一起了，到如今已经八年了。

我见到她男朋友的时候，每次他都在服软认错，帮主子捶背，帮主子拎包，帮主子穿鞋，帮主子买奶茶，主子不开心了负责讲笑话。

有一次，陈莲太凶了。那凶巴巴骂街的悍妇模样堪比苏格拉底他老婆，吓得我们都想作鸟兽散，生怕别人以为我们认识她。

但她男朋友却跟没事人一样，挨着她坐着，看着她骂，还给她递水递纸巾，要他哈腰就哈腰，要他掴掌就掴掌。这让我们目瞪口呆。

我想，或许人家就是软弱的人吧。但有一次在公司遇到阿鹏，却发现他是一个叱咤风云，魅力四射，才华与颜值齐飞的男人。

他是广告公司的总监，带着团队来我们公司讲标的。

那帅气的颜值、风度还有魄力，让我们公司的所有女生都为之倾倒。

讲标的过程中，他过五关斩六将，果断、专注，和平时看到的窝囊形象截然不同，这时的他舌灿莲花，目光如炬，热情似火，激情洋溢，很有霸道总裁范儿。

吃饭闲聊的时候，我打趣道："没想到你还可以这么男人，咱公司的女孩子们都拜倒在你的PPT下了，这样的你身边一定有许多女孩子追吧？"

　　他知道我指什么，笑着说："陈莲这个人啥都好，就是脾气像龙卷风说来就来，但我认为没啥，龙卷风来得快去得也快。再说，她将情绪发泄出来总比憋在心里好，所以只要她开心，即使认怂，我也心甘情愿的，一点儿也不觉得没面子。"

02

　　阿鹏让我想起我的表姐夫和表姐。

　　我的表姐漂亮能干，她让姑父最得意的就是毕业于北京某名牌大学，表姐夫则高中没毕业就辍学了，在小城市里开的士车混日子。

　　虽然是青梅竹马，但这场婚姻却遭到了全家人的反对，表姑认为这个男孩给不了表姐想要的生活。

　　表姐却说："我想要什么样的生活，我知道，你们别管那么多，我嫁他嫁定了。"

　　九头牛也拉不回来的表姐，嫁给了表姐夫。全家人的态度就是：你等着吧，有你后悔的一天。

　　但两年过去了，也没发生什么哭回娘家的事。小两口依然恩爱得很！

这俩人在外像犀牛一样强悍，表姐在外面，从来天不怕地不怕，斗心机婊同事，戳穿揩油上司，路见不平一定拔刀相助，表姐夫则是从来死倔不低头的人，如猛虎之见群羊，的士公司压榨他们，他就带领同事们罢工，即使打架也冲第一个。

表姐夫的那些行为，在姑父看来是野蛮行径，但在表姐那却是正义。当年，他征服表姐，也是因为他在她高中晚自习回家的路上，帮她打跑小流氓。

一个大女人遇上一个大男子主义的男人，家里那不得翻天。刚烈遇到火爆，小心天天上演暴力剧。

这是当初的质疑声。

我也担心过，表姐是个大女人，我见过她在职场上的雷厉风行与手段，而表姐夫天生大嗓门且学生时代校草习惯尚未斩草除根，好打架，爱飙车，这些我也见识过。

但实际情况是，这俩人只要在一起，气场就会改变——表姐从女魔头李莫愁变成了温柔郭襄，表姐夫则从古惑仔变成文弱许仙。

用表姐夫的话来说："我是有多爱你的表姐，才能在火冒三丈的时候，忽然将情绪降温，立即认怂。"

表姐则说："我哪里只是认怂，我是心甘情愿、欢天喜地地嫁鸡随鸡嫁狗随狗。"

03

　　我认识的一个小朋友，她那性格就像《飘》里的思嘉，傲慢自大，却又顽强不息、坚韧不拔。

　　最近这个小朋友谈恋爱了，情绪就像坐过山车，起起落落。

　　很少看到她如此低伏的状态，以前可是每天都是打鸡血，满腔热情，哼着RAP，奔跑在这座城市里。

　　但最近，就像朝露过后被骄阳烤蔫的花，没精打采的。

　　她说她最近在死追一个男人。

　　这很像她的风格，但怎么就蔫了呢。

　　她说："我已经低到尘埃了，再低就碰触到内心的底线了，但那死小子还不为所动，难道姑奶奶要窝囊到底死磨硬泡啊！这也太伤我的自尊心了。"

　　然而，话刚落，她手机响了，是对方打来的。她屁颠屁颠地推掉其他约会，走了。

　　对方说，不喜欢她戴鼻钉，她就把鼻钉给拿了。

　　对方说，喜欢短发女孩，她就把留了好几年的长发给剪了。

　　对方说，不喜欢女孩子把脚趾头涂得跟个妖精似的，她便再也不涂了。

　　对方说，不喜欢女孩子穿粉色，她便把所有粉色衣服都送人了。

对方说，再给半年时间他考虑考虑，她就真的乖乖地等他召唤。

……

看不下去了，这样子的她实在是太怂了。

但她自己似乎很享受这种低垂状态，就像那蓝色湖面的白色天鹅，本来是嘚瑟着曲项向天歌的。忽然一天，遇到了她倾慕的对象，从此她便低垂着头，一直垂到水面以下，竟然也生出另外一番欢天喜地的动人画面来。

04

有情侣在吵架，男人认怂，旁边的情侣说："这个男人怎么这么窝囊，要是换了我，哼！"

他还没哼完，女朋友的眼睛瞪了过来："换了你怎么样？"

男朋友赶紧说："我比他更怂。"

女人认怂就不必说了，放弃事业，放弃光鲜，在家相夫教子，做煮饭婆、洗衣女、保姆、育儿师……

……

我见过许多情侣和夫妻吵架，那就像一场夹带火药的辩论赛，战火纷飞，恶语遮天，双方都不肯让步，直至闹掰了吵崩了。

也有情侣或夫妻冷战，那是一场冷彻心扉、寒凉透底的战争，双方对峙，坚持无视对方的存在，长此以往，感情真的就被冰冻了。

　　我不是想教大家认怂。但认怂的确是情侣、夫妻间最好的调味剂，它能免除纷争，让双方多出更多享受幸福生活的时光。

　　认怂是一种智慧，一种胸怀，归根到底其实就是一种尊重和爱。

最好的爱情不是依附，是各自独立坚强

01

楚俏是个80后离异女人。

她前丈夫没有出轨，挣钱能力也是杠杠的。她离婚的理由是：丈夫是个十足工作狂，将所有的时间都倾注在了工作上，忽视她的情感需求。她认为他不爱她，不能陪她聊天，不能陪她旅行，不能陪她看话剧，不懂她的心思，两人缺少共同语言，所以离婚了。

有人认为她作，可是她说："口红和包包我都能自己挣，我不需要他给我买，那么，他努力挣钱对于我来说不是核心竞争力，我离婚有什么错？"

离婚后，楚俏自己一边努力奋斗，一边提升自我，越活越年轻。虽然已经是三十六岁的单身女人，但她觉得这样的日子很舒适，事业、远方和诗意都可兼得，这是她想要的生活。至于婚姻，可有可无。

但父母、亲朋和好友们却是着急得不得了，作为家里的独生女，父母更是不赞成她不婚的观念，他们开始发动三姑六婆使出浑身解数替她挑男人。

亲戚们认为，既然要结婚，当然家庭条件要好，有房有车是首选。

父母的观点和亲戚们的观点不一样，他们觉得没房没车也无所谓，甚至有过婚史的男人也能接受，但有一点，文化程度不能太低，毕竟女儿是博士生毕业，对方好歹也要是个本科生吧。

然而，对于楚俏自己来说，她之所以离婚，就是因为前夫刻板，不解风情，不懂她，她希望下一个男人能懂她。

全家人挑来挑去，大半年过去了，转眼又到了年底，却依然未能找到合适的对象。

好男人都去哪儿了？被更优秀的女人收藏了？还是供需失衡了？

02

中国男人真的"配不上"中国女人？

每个看《新白娘子传奇》的女孩，成年之后，都会觉得许仙配不上白蛇。

时代让女性不断进化，思维方式不断变换更新。新女性，不但独立、自尊、自强，还能在家庭和社会的角色里游刃有余，女性自我绽放的空间不再局限于家庭那一亩三分地，而是变得像男人那样宽广。

白蛇修炼成精、洗尽铅华嫁为人妇，她漂亮、神通广大，为救相公敢到仙山盗灵芝，能上九天揽月，能下五洋捉鳖，放在现代就是踩着细高跟在职场中拼杀，穿着小白鞋在生活中游刃有余的"都市白领""中产精英""新时代女性"。

而许仙呢，懦弱无能、自私、大男子主义，他上辈子积了大德，娶了神仙般的女人做老婆。放在现代，女人们普遍认为，许仙连女朋友都找不到，更别说找白蛇这个女神一样的女人。

然而在许仙这样的男人看来，你修炼千年又如何，你深懂生活美学又如何，还不是一样羡慕人间平凡女子的命运，要把嫁人生子当作最终的宿命，要恪守传统妇道。

如今，像楚俏这样坚持单身的中国女孩越来越多，黄金剩女也是一箩筐。

很多女孩儿坚持：我宁愿快乐地剩着，也不要拖着一个不成材的男人，丑得比别人快，老得也比别人快。

那中国男人有这么怂吗？中国女人是因为没得挑而剩下？

中国男人是怎么"不好"？那什么样的男人才是好男人呢？

当大多数女人被问到这个问题时，会吐槽说："虽然我不需要男人养我，但我希望他能对我说'我养你啊'这类美丽的情话，虽然他没办法保持青葱岁月的容颜，但是一定要保持健硕的身材。那种有向中年秃顶、油光满面、肚子大得像怀孕趋势进化的男人，还是靠边站吧。"

一个人的穿着谈吐，会表明他内心的修养。一个人的身材，会预告他接下来的人生走向。

而女人，天生敏感，她会捕捉到这些信息，然后规避这些潜在的问题。

事实上，在过去的文化里，没有情感满足和审美修身这些要求，50后，60后，乃至到更早的远古时代，男人们的职责是打猎、觅食、养家，解决温饱问题。对于那些不勤修觅食本领，整天讨女人欢心的男人，当时的人们包括女人，都会认为他油腔滑调不务正业。

然而，时代在快速发展，观念也在快速更新。

在资源稀缺、物质匮乏的时代，男人保护家人的安全，提供生命资源，对女人来说就是最大的吸引力。但现代社会的女人，自己学会了打猎，并且有的本领比男人更胜一筹。这样的女子，她们不再依靠男人生存，她们对男人的情感标准也提升了。她们开始欣赏男人多元的属性，比如玉树临风，比如风情，比如对艺术的品读，比如对美好事物的追求。

但显然，在这个标准下，多数男人会被Pass掉，他们不符合也没有意识到进化后的情感标准。他们还停留在中国几千年的传统意识里。

而很多女人和其家庭，就如楚俏以及家人，他们的综合心声是：到哪儿去找一个温柔多金、智识酣畅、身形俊朗且爱你如一的男人？

03

爱的需要提升了，爱的方法却依然缺失。

女人们总是自我安慰说：好男人是水中月、雾里花，可遇而不可求的。

当我们聚会时，我们吐槽十多年前的风中少年，埋怨他们为什么走着走着就变形了呢？他们大腹便便，发际线变高，抽烟喝酒吹牛，比拼的不是生活本身，而是挣钱能力。而挣钱能力比拼的背后，则是女人往上扑的概率比。

而女人们，似乎个个都活成了女金刚，再忙再累，压力再大，家庭生活再琐碎，女人们也不会放弃对内心世界的探索，拼命雕琢一种"不食人间烟火气"的优雅。这或许就是性别使然。

但同样，女人们也会以这个标准去要求身边的男性。希望男性不仅能挣钱买房、宠爱她们，还要提供精神滋养。埋怨他们下班后除了葛优躺，不再去健身、旅行提高自我逼格。

中国女人对男人的要求提高了，但是在表达爱的方式上却没有提升。她们是矛盾体，拥有双重标准，一方面要求男人给予很多很多爱，很多很多理解，但自己能给男人什么，她们并不清楚也没有要求。

在中国，大街卜有一道独特的风景，就是男人帮女人拎包。这是中国男人的绅士风度，但在西方男士看来，像拎包这类女人力所能及的事，男人去代劳，就是对女人的贬低和不尊重。

可是，在中国女人看来，一个男人主动帮女人拎包，这是爱她的表现。看看八卦记者们对杨幂与刘恺威婚姻捕风捉影的证据，很多时候，就是没有牵手，没有帮拎包。

这就是中国女性或者说中国社会对于男性的双重标准。

但作为男人，他们关于爱的自我表达是缺失的，他们甚至不清楚自己有这个需求。一方面，他们木讷，对于自己的情感需求不明觉厉；另一方面，他们强势，我是男人，我为什么要像女人那样娘？

然而，作为一个社会个体，尤其是在婚姻情感中，他们是有存在感需求的。他们内心渴望自己在家庭中是一个参与者，是一个男主人，能有权威，能说得上话，做得了事。这是他们内心的家庭价值感。

但当下的许多80后家庭，当孩子出生后，父母或岳父母来家里帮看孩子。这个时候家里谁做主？要么是联合执政，要么就是父母做主了。男人回到家，发现家里人都在围着孩子转，他的中心位置被孩子或老人取代。

这时候，许多男性会"嘴硬"说不重要，但内心却觉得被边缘化。他们掩饰自己的脆弱需要，掩饰情感表达，让别人忽视他的真实感受，自己也逼迫自己忽视掉。时间久了，他们就会对婚姻生出厌倦来，于是滋生出轨、沉迷工作或沉迷游戏这些事端来。

这个时候，这届女性就不满了。她们会认为这个男人是甩手掌柜，自私，没有家庭责任感，或不修边幅，不思进取沉迷于游戏，或不关心家事，不关心女人内心的需求而沉迷于工作。

然而，尽管女人唠叨，但男人依然不知道该如何回应女性的情感需要。一方面他们觉得女人好烦；另一方面，男权社会让他们潜意识里认为，自己只有在满足女性要求之后才是个男人，所以他们往往不会拒绝女性需求，即使拒绝了也会内疚。

他们逼着自己像个男人，要兼顾传统社会对男性角色的设定和期待，要承担对原生家庭负有的责任，硬实力都修炼得不够硬，软实力更无暇顾及。

这一类男人，一心想要成为一个男人，但因为狼狈不堪反而成为不了男人，他们只能像小孩一样模仿当男人。

1996年，邝美云跟吕良伟结婚，俊男美女配的婚礼轰动香港，但最后却以闪电离婚而惨淡收场。离婚十多年后，吕良伟出了本自传，声称自己当初没想结婚的，但因为邝美云跟媒体发布了消息，作为男人不能悔婚这才被逼上梁山。

"报纸已经登了，这个时候悔婚，我就不能称之为男人了。"

好吧。如果是真男人，离婚后还会出书黑前妻吗？这或许就是个内心狭隘的小男孩。

邝美云闺蜜替她打抱不平，她向港媒爆料反击，说吕良伟常向邝美云打探她银行存款有多少，暗示吕是为钱而结婚。

不过从吕良伟的角度看，或许他只是刚结婚就因金融风暴遭遇人生最大危机，同时，在婚姻里他又得装得像个大男人，要有大男人的面子，哪里好意思说借钱，当然更没有心思经营婚姻，于是双方摩擦不断，最后婚姻以离婚收场。

吕良伟一心想当个大男人，却在小男人的道路上越走越远，这是后话。而邝美云至今单身，过着自由自在的富婆生活，成为许多人羡慕的对象。

除了模仿男人，另一类男人则干脆拒绝做一个成人，永远不思进取，永远就做一个小孩，停滞在少年期，或者试图让自己的世界变成游戏的世界，回避成年人的世界。

这个巨婴样的男人，细细思量，我们身边有一堆，他们的表现是这样的：公公婆婆在忙家务，媳妇在忙孩子，老公在看球赛；媳妇上班不在家，婆婆在忙孩子，老公在家葛优躺；媳妇在忙家务，忙孩子，老公在玩手机。

归根到底，停滞在少年期的男人，是在成长过程中，没有完成分离和个体化的男人。

所谓分离和个体化，就是和原生家庭分离，追求自我。

少年到青年的最大区别，简而言之是三十而立，三十岁后知道自己想要什么，自己擅长什么，人生的三观基本确定。

但中国男性，三观普遍没有定型，他们要么假装自己是青年，要么永远停留在少年时代。所以，他们要么沉迷游戏，要么拼命追求工作的意义，以弥补内心空虚的自我价值感。

这两种人的自我都是空虚的，装满社会价值观，却缺少自我；沉迷于满足他人需求，却没有自己的声音。

04

越来越多的女人逐渐认同像邝美云这样单身到老依然可以很快

乐的状态。这是价值观随着时代变化的拓宽，她们开始接受这样一种观点：人生不止一种标准答案。

当然，更多的是女人对爱的要求提升了，但底色却依旧停留在传统男权社会。

80后这一代的底色是，从小我们就被父母教育，要自立自强有骨气，呼呼地出了一波又一波女汉子。但是等到在社会上择偶的时候，听到的舆论声音却是：我宁愿坐在宝马车里哭，也不在自行车上笑。

父母亲戚们这时的教条是：不说有房有车，但房子是要有的。房价噌噌往上涨，如果对方没有房子，那把女儿嫁过去不是让女儿过去受罪吗？

我自己是80后，深感我们这一代人的成长，缺少螺旋式的过渡，时代跳跃式的突进，让我们的自我成长断层。而在60后父母那一代的社会变革也是突进式的，60后没有解决的冲突，留给80后的我们去解决。

很多父母在事业上不成功，有疑惑，把希望放在孩子身上，让孩子修复他们的痛苦，完成他们没有完成的事业。而我们则过度认同焦虑的父母，导致我们活得过度焦虑，在物欲的社会过早成熟化。

求学时，拼命考取各种证书，进入社会打拼，常常依靠房子和车子来寻求自我的价值感。男人逃到工作或游戏里，女人则逃到婚姻里。

我认识很多的已婚女性，都把自己的精神寄托放在了孩子身上，她们回归小孩，在小孩的身上投入少女的期待，期盼播种美好的情感。而老公则更像是一张长期饭票。

但即使是长期饭票，女人们也会嫌弃其太过平庸，太过普通，她们唠叨抱怨，怨恨这届男人不行，只恨缺少复盘机会。

05

如果这一届男人不行，说明这一届女人也出现了问题。

电影《遗愿清单》，两位老戏骨杰克·尼克尔森和摩根·弗里曼演绎了两个癌症晚期病人的故事。

面对癌症为他们带来的"死刑"，他们从过往的生活轨迹里停了下来，在脱轨的人生河流里，他们的小船路过山川，行过峡谷。最终，小船的路越走越宽，终于驶到了一望无际的、平静的没有一点星光的湖面。

这时以往的岁月被无限折叠，人生的虚无感被无限放大。

有一位富翁，接到医院的诊断书，说他还有五十天的生命。虽然后来被证实是误诊，但这位富翁却借这个契机，停下了对财富的拼命追逐。

他说："如果没有强迫我停下来的状态，我是停不下来的人。但这件事让我思考，我人生的意义是什么，我缺乏什么？我拥有的是我想要的吗？"

同样，出轨，生病，事业出现问题，这些都是停下来的契机。

对于女人来说，当一个男人伤害我们的时候，就是停下来的最好机会。与其拼命寻找那个比我们自己还懂自己的人，还不如停下来倾听自我。

那个比我们自己还懂我们的人，或许只有上帝知道在哪里。我们大可不必为了这个人的缺失迷茫，生气，甚至愤怒。

终其一生，真正听懂我们想要什么的，还是自己。所以，女人要停下来倾听自己的心声。

倾听，我们就会发现，这个男人也许并不是不够好，也许是我们没有创造让男人变好的机会；但也许这个男人足够坏，而我们自己却像拽着一根救命稻草般，不肯放弃跟这个足够坏的男人一起生活。

停下来就会发现，过往的我们，演绎过多少荒谬和可笑，我们也会认识到，自己才是人生的主角，人生的责任需要我们自己承担。

因此，别人的爱是别人创造出来的，不是别人给我们的。

结婚不可怕，嫁给"巨婴"男才恐怖

看了金星主持的《中国式相亲》，发现制作人相当了解当下中国相亲市场的现实，直看得我无比心酸。

记得某位心理学专家说："中国式相亲奇葩的关键点是父母参与并想做主。自己努力，恋爱结婚生子，构建一个美满的家庭，都知道会很不容易，因为我们很清楚自己有几斤几两。但若替别人做主的话，往往就会失去了分寸感，不知道斤两。"

孩子是父母镜中的自己，我们也能从父母身上，看到子女的言行举止。节目就是采用这样的原理而设置的——男方躲在隔壁屋子，由父母替他们挑选，女方看不到男方的长相，只能根据他们父母的行为去判断。

结果，巨婴们纷纷显形：满目皆是巨婴老太太和巨婴男孩。

01

天津男，23岁。自我介绍是"懵懂无知的小孩"。

如果真的是无知，父母不是应该先将其送进社会大学堂吗？为何着急让他先踏入婚姻殿堂。想一想，一个无知的小孩，要借助婚姻成长和蜕变，作为未来的配偶，那会是怎样的一种处境？

再看看他的妈妈。她是个营养师，上来就说不找手凉的女孩，因为手凉就会宫寒，宫寒的女人生儿子会得小肠疝气，生女儿会营养不良又贫血。敢情直奔传宗接代而来。

巨婴行为之一：当女嘉宾带着自己煲的汤上来，小伙高喊："我的菜我的菜，谁也别和我抢"。霸道、不尊重女嘉宾，似乎压根就没意识到婚姻是双向选择。当然这也暴露了女性的弱势地位。

当大家得知女嘉宾40岁，离异，带着儿子创业时，大家都没有爆灯。但男孩爆灯了，理由是他爱喝汤，漂亮姐姐煲汤专业，比妈妈煲的好喝。

他妈妈的脸瞬间就绿了，见儿子不听劝，马上就流露中国式妈妈的包办心态。她咄咄逼人地说：

"你年龄太大，进我家门的媳妇要给我生两到三个小孩。

你现在40岁，但你要知道，20岁男人是期货，30岁男人是现货，40岁男人是抢手货。你有多强大的把控力，觉得未来十年你还能拥有他？

我儿子有责任心，怕你尴尬（才亮灯）。

我儿子缺的是母爱，我希望你重新再选一次。"

金星分析说："男嘉宾之所以选择年纪大自己17岁的女嘉宾，是因为男嘉宾父母小时候因为工作忙，太疏于陪伴自己的孩子了。这其实是一种恋父、恋母情结。"

老太太自己也说，儿子这不是来找爱人的，而是来找妈的。

这样的男孩，40岁的独立女人怎会看得上他。她家还有个十一岁的儿子呢，难不成要从节目组再带回一个儿子？但人家却表现出极佳的教养，即使被百般不待见，也始终做到有礼有节。

倒是这位老太太紧张不堪，金星打圆场说以后可以做朋友，她还补刀说："可以跟我做朋友。"言外之意就是你最好永远不要和我儿子联系了。

整个节目中，我注意到一个细节，那就是小伙的爸爸从头到尾都没有说过一句话，这是不是老太太的强势所致？大概这就是传说中的以为自己是皇后，儿子是太子的中国式巨婴老太太吧。

孩子是个妈宝男，巨婴宝宝，妈妈是个巨婴妈妈，还很霸道，这样的家庭能嫁吗？

02

另一组家庭：23岁的大连男孩，一张口就说喜欢成熟稳重会照顾人的。

看到自己煲汤的女嘉宾，他兴奋地反复说道："能照顾我，好！我会被照顾得特别好"。这不是来相亲，这是来换娘、找保姆的。

当女嘉宾的年龄曝光时，男孩的妈马上说："我儿子太小了，他还特淘，他俩出去会有代沟的。"

这个巨孩不但离不开妈妈，还极度缺少教养。当有男嘉宾为女嘉宾爆灯时，他边拍手边幸灾乐祸地调笑："初恋找了一个四十岁的姐姐，哈哈哈"。

想想，有个事事包办的中国式母亲，这个男孩能长大吗？他对自己的行为缺少约束，缺少教养，那是一定的。至于责任心和担当，那更是让人不看好。

这样的男孩及家庭，一旦走入婚姻，就会上演当下中国式婚姻里常见的场景：

媳妇忙得飞起来，忙家务，丈夫在玩游戏玩手机；媳妇忙孩子，丈夫在葛优躺；媳妇指挥丈夫干点儿活，婆婆立刻就去了；媳妇吆喝下丈夫，婆婆就不高兴了；媳妇稍微指责一下丈夫，婆婆就会立马翻脸。

归根到底，停滞在少年期的男人，是在成长过程中，没有完成分离和个体化的男人。他和他的原生家庭还未分离，还和妈妈是一体的，自我并没有完全觉醒，他就是个沉睡的婴孩。

这样的男人与家庭，不嫁也罢。

03

一个网友道出了巨婴男人及家长们的心声：他们想要的是财富上的女王，教养上的闺秀，生活上的保姆，全家人的女奴。

的确如此，老太太们一个个地问女嘉宾："会做饭吗？会照顾人吗？"

就连牵手成功的女博士，也在一个劲儿地许诺："我会做饭，我能照顾好自己。"

金星说："在中国，相亲不只是两个人的事儿，而是两个家庭的事儿。"

同样，中国式结婚更不是两个人的事儿，那是两大家族的事。如果一个家庭，巨婴文化根深蒂固，盛产巨婴男和妈宝男，那还是多考虑考虑吧。毕竟，一入巨婴深似海，从此萧郎似路人。慎嫁！

婚姻没有同声传译，该说的还得说出来

01

B小姐请姐妹几个周末带娃去她新家玩。说实话，接到消息之后我们是不太敢去的，但乔迁之喜又不能不去。

上一次去她家，应该是在一年前了。

那一次，好好的一个亲子Party，被他们夫妻俩台风海啸般的争吵，闹得不欢而散。

起因嘛，就是因为钱。那时候，他们还没买房，住在租来的房子里。B小姐托其中一位姐妹小金从香港带了两罐奶粉给孩子。

吃完饭，小朋友们在玩耍，大人们正在喝茶。这时候，B小姐吩咐她老公说："老李，老李，给413元给小金啊，她帮宝宝带了两罐奶粉。"

但老李却像没听见一样，仍在吞云吐雾地抽烟。

B小姐以为他没听见，又吩咐："老李，你听见没有，把钱给小金啊。"

这时候，老李站起来说道："你又不是没钱，你自己给啊。"

"孩子奶粉钱，说好你出的，你怎么出尔反尔。"

"什么都是我，房租是我，奶粉钱也是我，那你负责什么。"

"你这人怎么这样。上次不是说好的吗？我负责孩子穿的，玩的，你负责孩子吃的，喝的，这么快就忘了吗？再说，那之前的房租不都是我出的吗？让你出一个月，你就这么死抠门时时念叨？"

……

这夫妻俩，你一句，我一句，站一旁的小金一个劲儿地说："不用给了，真的不用给了，就是小钱。"

哪知，小金话音刚落，B小姐更气急败坏："你听到没有，就是小钱而已，小钱你都不愿意出，你还是不是男人。"

旁边的小金脸红一阵白一阵，不知道该如何说了。

那之后，小金说："以后打死我，我也不会再给她带东西了，吃力不讨好，这都是什么人啊，就为这点钱，居然可以吵成那样，我也是服了这对夫妻。"

02

周末，我拉着小金和我一起去，她不肯去，说："上次的阴影还没消散呢，我坚决不去，我劝你也别去，估计又是暴风骤雨。"

我不好意思推辞，去了B小姐的新家。但出乎意料的是，从头到尾只有风平浪静，啥拌嘴都没有，夫妻俩恩恩爱爱和和美美。

饭后，男人一堆搓麻将，女人一堆聊家常。

B小姐主动问："小金是不是还记着上次的吵架事件，所以不敢来啊。"

我笑着说："那一次，你们是真的好可怕，那是两罐奶粉引起的闺蜜分手案啊。"

她听后扑哧地笑了："瞎说，我们那时正处于磨合期，磨合期哪有不吵架的。"

"那现在不吵了？"

"现在没啥好吵的，我们俩一起出房子的首付，双方手头的钱都掏空了，他供房贷，我供娃，谁也不惦记谁的钱，反而就风平浪静了。"

"人家说贫贱夫妻百事哀，你们这没钱反而穷开心啊。"我开玩笑道，"那如果又有余钱了呢，不是又要吵了？"

"那就再买套房啊！"

03

英国一家理财网站调研显示，平均每对夫妻每年会因为钱的问题争吵39次。

不得不承认，大部分的离婚，都是因为金钱。

那是不是由钱引发的离婚，多发生在贫穷家庭？毕竟贫贱人家百事哀嘛。然而事实并不如此。

英子与老公结婚时，一贫如洗，但双方却能做到相濡以沫。他们一起外出闯荡，凭借勤劳养育子女，送子女读大学，即使租房住，却也每天开开心心。

钱对于他们来说，或许真的就是身外之物。

而住大别墅的叶子却在离婚后，还和前夫因为钱而吵闹。她的前夫在离婚时，把别墅和车子都给了她，孩子也给了她，答应每个月给孩子三千元抚养费，除此之外概不往来。

但叶子却像不知足似的，每每支使孩子去要钱，而她越是如此，她的前夫越是一分不给。细想，叶子缺钱吗？她不缺，她缺的是爱，她寄希望于这种要钱的方式连接前夫的爱。

综艺节目上主持人问张智霖："如果现在是生命中的最后24个小时，你想对妻子袁咏仪说什么？"

张智霖说："即使我现在走了，你和儿子的钱也够花，我就放心了。"

对于张智霖来说，钱是安全感，是保障，也是对妻子袁咏仪的爱。

04

有句话说得好，为什么婚姻是爱情的坟墓？

因为婚前人们喜欢谈爱，婚后人们喜欢谈钱。

倘若将关系倒过来，婚前谈钱，婚后再谈爱，会怎样呢？

有人马上会说："一个只知道钱的人，我为何还要和她结婚？"

"别跟我谈钱，谈钱伤感情。"

……

然而，心理学家说："钱只是个投射的物体，投射出的是人们内心的观念和形态。"

因为"钱"争吵的两个人，需要解决的第一个冲突，即矛盾焦点"钱"后面投射的物体。

比如B小姐和她老公，他们的争吵实际上是因为他们俩互不信任，而互不信任还只是表面的，就像剥洋葱，再往里剥就会发现，双方都是安全感缺失的人。

B小姐和她老公曾经都是留守儿童，而且都是老大，也就是从小被要求懂事，过早承担家庭责任而被催熟的小大人。表面上，他们被大人鼓励为小大人，而实际上，他们内心脆弱，内在的小孩被关禁闭，待到成年后内，心里的小孩挣脱而出，却仍停留在婴儿期。

对于他们来说，替代极度缺乏安全感的方法就是，不断地挣钱，挣好多好多的钱，并且这些钱最好都在自己的掌控范围之中，比如写自己名字的房子、车子之类的。

也就是说，歪打正着，B小姐这一买房行为，无意中满足了双方的内心需要，也就是安全感的获得。

当然，"钱"这个投射物体，也可能是其他物品，比如"包"，当然这是极少数。

袁咏仪就超爱买包，喜欢买各种包包，张智霖虽然嫌弃袁咏仪爱买包，但他依然会在袁咏仪的生日和纪念日等，乖乖地送上各种包包。

对于袁咏仪来说，包就是财富，但对于张智霖来说，包只能是包。

袁咏仪深懂对方，她说："你看，你花了10000块给我买了个包，看上去你好像花了10000块，但实际上，不仅我得到了价值10000块的包，而且我们家一分钱都没少！不花钱又让我开心的事情为何不做呢？"

　　每个家庭都像一蔓瓜藤，枝枝蔓蔓，纠扯不清，但如果顺着"钱"这显现的投射物，理清钱背后配偶及自己的个人成长史、情商、智商、财商及原生家庭史等问题，矛盾纷争才能彻底显露。而从表面上来看，则是钱的事说明白了，日子也就过明白了。

女人都想离婚了，男人却还想生二胎

01

从来没有哪个时代，像今天这样盛产女强人。也从来没有哪个时代，像今天一样盛产女病人——弱到连活下去的勇气都没有。

《叶问3》中，妻子问叶问："为什么上帝要把女人创造得又漂亮又蠢？"叶问摇头。

妻子说："因为造得漂亮，男人才喜欢女人，造得蠢，女人才喜欢男人。"

D姐说，她曾经就是这样的一位蠢女人，女病人和女超人。她是我们家乡的美女，年轻时候的她，皮肤晶莹剔透，但那次一见，让我恍如隔世，我恍惚见到了我童年时D姐母亲的形象。

D姐显得有点儿老了，她的孩子大了，眼睛明晃晃地，倒映着

D姐的忧伤。小男孩三岁了，正值探索阶段，皮实得很。就连D姐停步和我说个话，也能被熊孩子拉着原地转圈。

D姐说，自从生完孩子之后，一个人活成了一支队伍。没有好好睡过一个安稳觉，放弃了事业和工作，生活里忽然只剩下无穷无尽的打扫、做饭、带孩子。

D姐将自己分身成数人，一个人像一支队伍——1号D姐负责打扫卫生，2号D姐负责带娃，3号D姐负责做饭，4号D姐负责和老公沟通，5号D姐负责内心的安宁，6号D姐负责学习一技之长。

她说："我只能在洗碗时用水冲盘子的水流，稍微使身心静下来。"

她用这个方法自我催眠，幻想这水流声，是从绿树成荫、蜂蝶环绕的森林里流出的小溪，她在那儿小憩，试图找到自我。

我问："姐夫呢？为什么不让他为你分担？"

她笑笑，摇摇头，表情挺无奈地说："婚后才发现，这人是个爱情剥削者，以爱情之名娶我过门，实际上就是找个免费保姆、育儿师，我过得几乎是丧偶式育儿、守寡式婚姻生活。

有段时间，我都觉得自己变成了黑暗里的一具行尸走肉，只要给我一座高楼，我一定一跃而下。是的，我完全丧失了活下去的勇气。之所以能挣扎过来，是因为觉得这段黑暗路能过去，我能在孩子上幼儿园之后，拥有自己的整片世界，做点自己想做的事。

　　我忍气吞声，睁只眼闭只眼，将自己当成傻子，让他在我身上践行这种价值剥削；我只能在孩子睡觉的间隙，努力提升自己，慢慢有了点小技能和小收入。我这样辛苦就是为了离开这个岳不群式的人物。可他，居然还跟我说要生二胎。

　　他卷土重来，故伎重演，采取我们刚认识时的花言巧语，主动讨好我、巴结我、麻痹我。但我知道，这绝对是一粒包着砒霜的糖衣炮弹。吞下去，我下半辈子就再也不能重见天日了。

　　我知道他的伪善，表面上，他对我好，但天知道，除了家用，我没有见过他一分钱，他不发我一分工资，他不帮忙带孩子，我是免费的保姆，免费的育儿师，免费的生孩子机器。

　　我对他说，我不生，我想工作。可他却威胁我，扬言要找别人生去。

　　你爱找谁生找谁生去吧，老娘不伺候。"

　　尤记得D姐说这句话时的眼神和神情，那就像一头被激怒的母狮子，昂起头颅，随时准备厮杀出一个自己的王国。

　　后来，D姐借着孩子三岁前的那几年"蓄水"的先见之明和胆气，呲起獠牙分了财产离了婚，带着儿子，开始了她独有的小行星燃烧模式。

02

有一种老公属于要命的老公。

蓝蓝的老公就是这种类型——成天不管家，却爱规划老婆的生活。

双方的孩子一岁时，他说："我家四代单传，我妈一直觉得我太孤独，而你也是独生女，所以，我们要多生几个孩子。"

蓝蓝在忙着给生病的孩子喂药，孩子哭闹得厉害，药洒了一地。她老公也没有要帮把手的意思，双手抱在胸前，像是看申视剧一样看着这对母女。

等孩子哭闹声小点儿，他又说："这个孩子送你父母带吧，反正你父母也退休了，送个孩子给他们带还能为他们解闷。"

蓝蓝内心汹涌澎湃，她父母都七十多了，而他父母六十不到，整天不是搓麻将就是外出旅行，怎么就没想过要帮她带孩子。

看她不吭声，他接着说："如果你生第二个，还是个女孩，就给我父母带吧，我是一定要多生几个儿子的。我小时候经常被人欺负，那个时候如果我有兄弟姐妹，肯定是我欺负别人。"

蓝蓝差点儿没喷出一口老血，孩子这时却拉了粑粑，可能是因为闹肚子，那粑粑飞溅甚远，不小心弄脏了他的裤子。

他立刻暴跳如雷，说："你个熊崽子，整天吃喝拉撒，生你有什么用！"

蓝蓝仰头问道："那你还生不？"

他愣了一会儿说："生啊，为什么不生，不生，你下半辈子要做什么？"

蓝蓝说："那你打算出多少钱给我？"

"什么多少钱？你是我老婆，你给我生孩子不是天经地义吗？"

03

未生二胎的都在纠结，生了二胎的呢？

记不得在哪里看过这样一个故事：一对母子坐在客厅看电视，电视里正报道的大概就是类似湘潭年轻妈妈携两子跳楼自杀的故事。

儿子说："这个女人真是既歹毒又傻。"

一旁的母亲默默喝茶，过了良久，悠悠地说："我当年也有过和她一样的想法。"

十佳就是有过这样想法的女人，她最近正在诉讼离婚，她说她愿意净身出户，只要能迅速走出这暗无天日的日子。

生二胎前，婆婆说好要过来照看孩子，老公也答应帮忙带大宝。然而，等二宝生出来之后，一切都变了卦。

她婆婆说自己年岁已大，身体不好，不能带孩子。她老公说他工作很忙，回家已经很累了，依然是撒手掌柜。

于是，十佳被逼成了一个超级陀螺，每天就像舞台上拼命演出讨好观众的小丑，上蹿下跳，不是伺候这个，就是那个。生活里忽然只剩下带孩子与家务，她说，她抑郁了。

然而，她老公却说她矫情，说以前的女人都养七八个，她这才两个，就喊苦喊累的。

她给老公看那些产后抑郁症的新闻，他不看，还不耐烦地说她打扰他休息，说他明儿要上班。

她干脆就不收拾屋子，房子仿佛被小偷攻陷了一般，开始变得凌乱不堪。

奇葩老公不满了，他说："你天天在家，也不知道收拾屋子，也不知道给我做好饭菜，不知道你一天到晚在忙什么？"

04

《中国式相亲》里有人一针见血地提出了：我们要的媳妇，要性格好，身体好，能干活，漂不漂亮不重要，好生养最重要……

放开二胎更成了时代的重锤，砸在每个女人的心中……

然而，一个女人，她有权利选择成为一个母亲，也可以选择永远不成为母亲。一个女人，她有权利选择生二胎，也可以选择不生。

一段婚姻，一个熊娃，一段觉醒。觉醒的女人是充满力量的，母性的光辉让她们不但养育孩子，还淬炼自己，渐渐铺垫一条修复之路。

傲慢的男人却依然停留在原地，他们目中无人，面对不听话的妻子，他们愤怒，甚至咆哮。他们生气，弄不懂，为什么她忽然就罢工了，不做饭、不搞卫生，现在连生个二胎都要起义了。

幼稚可笑的男人们还沉浸在美梦里，幻想着儿女绕膝的天伦之乐和衣来伸手饭来张口的日常。

弗洛伊德说过："所谓幸福，就是工作与爱。"

长期处于缺少爱的状态，如今想通过工作和事业去找寻自己的幸福，有什么过错？要知道，女人们既拥有一颗男人的雄心，也有一颗女人的玻璃心。

玻璃心让女人像林妹妹那样敏感，一遍又一遍地质询着男人的爱，做着公主梦，憧憬有王子给她一个充满鲜花的未来。

雄心让女人在男人给她烈火烹油的残酷时，有炸裂婚姻这座碉堡的勇气，有反扑生活的百折不挠。

张惠妹曾唱过一首歌：如果你不想要，想退出要趁早，我没有非要一起到老，若有情太难了，想别恋要趁早……

所以，女人们醒醒吧——所有的鲜花着锦，必然附赠烈火烹油。

男人们醒醒吧——大清早灭亡了。

结婚后遇见了更喜欢的人该怎么办？

于万千的人群中，于无涯的时光里，一个人，恰巧是你喜欢的一个人，没有早一步，也没有晚一步，恰巧奔赴你的人生中来，是福气，也是运气。可是，并不是每一个人都有这样的运气。

有可能，织女牵手梁山伯后，才遇到牛郎；有可能，黄蓉嫁给张无忌之后，才遇到郭靖……

每一场相逢，都没有什么对与错。只是，当结婚后遇见了更喜欢的人，于人生无涯的荒野里，我们该怎么做？

01

李丸最近比较焦躁，老是在半夜给我打电话，而且总是支支吾吾又欲言而止。我打趣她："新婚夫妇，不好好享受洞房花烛，天天给我打电话，也不怕你老公吃醋。"

有一日，聊了一些类似"窗前的睡莲开放了"这类无关紧要的话题之后，她说："我要是再晚一点儿结婚就好了，哪怕是晚一天也好。"

我笑她不知足，她现在的老公，可是她千挑万选，而且考验了长达一年之久才选定的。按理说，她对这个婚姻应该是满意的吧，可现在怎么会这么说呢？

她说："你知道，我之前犹豫不决是因为我不确定，可是那个人，我十分确定。"

"他是谁？你们怎么认识的？"

她苦笑道："我们的婚宴上。"

忽然想起一段话：你之所以会产生这样的痛苦，归根结底都是来自于你对他们进行了利弊权衡。你以为你们更合拍，你以为你们肯定是神仙美眷，你以为你们会更幸福。但那都只是你以为而已。

我给她讲述了我们镇上曾经引起轰动的土豆小姐私奔案。

02

"得不到的才是最好的。"这是人类难以摆脱的心理魔咒。

因为女孩爱吃土豆，我们暂且管她叫土豆小姐。

土豆小姐嫁给了老实憨厚的地瓜先生，小日子过得平淡朴实，育有可爱的一个女儿。然而有一天，土豆小姐外出，遇到了大腹便便的洋葱先生，她被洋葱先生身上的荷尔蒙深深地吸引，鬼迷心窍，在家又哭又闹地要离婚，不惜抛夫弃女、离家出走，甚至不惜与娘家断绝关系。

但只过了短短半年，土豆小姐就灰头土脸地回来了。她面容憔悴，神情恍惚地回到了家乡，大病了一场。

土豆小姐是不幸的，因为洋葱先生对她的真情实意和海誓山盟，很快就消散在了柴米油盐里；土豆小姐又是幸运的，因为地瓜先生有一颗善良朴实的心，愿意重新接纳土豆小姐。

他说："过日子嘛，就是过柴米油盐的琐碎与庸常，当然就会有咸了、油了、腻了、焦了、黄了的时候，但换一换炒菜的火候，泡茶的温度，生活又会重新回来。"

朱光潜说："凡所难求皆绝好，及能如愿便平常。"

人活一世，不可能将任何事情都做到尽善尽美。

乔峰有乔峰的英雄气概，郭靖有郭靖的义薄云天。张无忌有张无忌的侠义心肠，令狐冲有令狐冲的笑傲江湖。可是，他们也各有缺点，乔峰大男子主义，郭靖情商不高，张无忌懦弱，令狐冲不羁。

这些人放在烟火人生中，肯定也是得被磨平棱角，免不了吵吵闹闹和一地鸡毛。

渡边淳一在《失乐园》中说："人们心灵深处隐藏着的不是'轻松的爱'，不是时下流行的爱，不是如此轻松、浅薄，而是燃烧着火一样深沉的爱的愿望，而'深沉的爱'才是真爱。"

所以，当遇到一个新鲜人的时候，人们往往不自觉地就更喜欢了。道德背后栖息着的往往是人生至高的逸乐。

03

当然，斯人若彩虹，遇上方知有。

但如果要等上十载，半生，甚至更长时间，才能等到所谓的彩虹，你是否又愿意等呢？

想来，大部分人是不愿意重复等待戈多的荒诞和可笑的。

但这形象在小说家的笔下还是经常可见。纳兰妙殊的短篇小说《陶丈夫》里，讲述了一个古怪的追"爱"女人。

这个女人有嗅觉洁癖，因为以嗅取人，虽然挑遍了小城的适龄男人，却依旧找不到一个气味相投的男人。为此，她倔强地保持独身，渐渐成了剩女，是小城里不嫁人的"老姑娘"。

她甚至去外国溜达了一圈，但被洋绅士身上欲盖弥彰地裹在浓郁名牌香水味里的体臭吓回了国，回到了她的小城。

她彻底死心，随便在相亲对象中选定了一个男人。在与这个男人去婚纱摄影店拍照的时候，她闻到了她梦寐以求的男人气味。

这种气味进入到了她的鼻子，她的身体，就仿佛辛德瑞拉的脚儿滑进了水晶鞋，彻底的匹配、合拍、妥帖、天经地义。

那气味当然不是她未婚夫的，而是上一个穿这礼服的人残留在礼服上的。

接下来，这个女人开展了疯狂的追踪行为：她悔婚，花钱买下礼服，像侦探一样调查来婚纱店拍过照的夫妇，并一一拜访。

当她找到那一对夫妇家时，得知那个害她找了半辈子的男人，在她找到他的不久前，刚刚出车祸死了。

女人疯狂地追到了那个男人的坟前，在他的坟前，挖了一筐泥土，烧制成了一个陶人，并让他穿上礼服。然后，从那天之后，她和她的陶爱人，在这个小屋里生活了下去。

04

渡边淳一在《失乐园》中写道："从相识到相互爱慕，再发展到难以克制而结合，这一过程是那么一帆风顺，恋人们自己往往无所察觉，烈火般燃烧的恋情使他们忘却了这世间的种种不如意。然而，就在情爱逐步升级达到顶峰的一瞬间，他们突然发现前方出现了一条峡谷，便往往驻足不前了。当两人沉浸在快乐之中，以为这就是爱的伊甸园时，才意识到前面是荆棘丛生的荒野，于是变得紧张起来了。"

在荆棘丛生的荒野里，作为家庭主妇的有夫之妇，遇到闯荡天涯四海为家的国际级摄影师，没有克制，便演绎了《廊桥遗梦》；在深不可测的峡谷里，学识渊博的奥尔马西，遇到美丽多情的凯瑟琳，放任激情，便有了《英国病人》。

有句台词是这样的："对于不恰当时候的人，该克制的，一生不越雷池。你心里认为的更两情相悦的人，或许只是在错误的时间下遇到的一起看风景的人。"

然而，在电影《男与女》里，身处人生荒原里的男友主角抱团抵抗人生孤寂与寒潮。对于女主来说，遇到喜欢的人，那便走出去，哪怕是离婚；但对于男主来说，虽然有爱但相对于责任来说，他选择了克制。

于他们来说，结婚后遇见了更喜欢的人怎么做变成了一道选择题。放任，还是克制，这是一个问题。

爱情，原来是含笑饮毒酒

01

整个春节，我公公的行为模式都是这样的：出去聚会，玩儿，回家在沙发上葛优躺、打呼噜、深夜看电视、白天继续打呼噜……还有三不：不做家务、不逗娃、不洗脚。

然后，我婆婆，一天到晚跟着喊，喊他吃饭、喊他洗澡、喊他洗脚、喊他睡觉，像伺候祖宗一样伺候他。

公公的这个行为，不就是巨婴么？当我们为操劳的"祥林嫂"打抱不平时，婆婆自己却觉得无所谓。

那不是在娇纵男人吗？他之所以叫不动，不都是婆婆您惯出来的。但婆婆不以为然，认为除开这些，公公还算是个勤劳的人。

当着公公的面婆婆会抱怨他，避开他时却总是夸赞他，特别是在我和弟媳面前，更是赞他善良、脾气好。

私底下，我问她："你幸福吗？"

她说："说不上幸福，但还算开心。"

可是公公什么都不管，也不算体贴，我见他的时候永远都在睡觉，就连孩子们跟他都热闹不起来。

婆婆仍旧说："其实你公公还是很爱开玩笑的，也不懒，只要外面有活干，也能起早贪黑……"

我想婆婆或许就是旧式的女人，习惯逆来顺受，习惯出嫁从夫，所以即使自己的丈夫再不济，她也会认为他好。

她说："这人哪有十全十美的，要看自己图哪一点，虽然你公公在家事上懒惰，但因为人钝，所以不会有张牙舞爪的厉害时候，总体来说还是个温情的人。人只要有情，日子就会过得顺意，生活也就会过得开心。"

想想，也有一定的道理。

02

春节之后，婆婆决定跟随我回深圳帮忙照顾朵儿一年。

临行的时候，公公外出做事了，今天一整天，公公打了一个电话，又一个电话。因为婆婆在做菜，电话我接的，便问公公："你这是舍不得我婆婆走吗？"

公公在电话那头憨厚一笑说："那不是，她天天唠叨我，我巴不得她去深圳少念叨我，我是挂念我的朵儿呢。"

我在这边乐了，想一想老人那憨羞的样子，也是怪可爱的。

林徽因去世后，梁思成写信给林洙："真是做梦都没有想到，你在这时候突然光临，打破了这多年的孤寂，给了我莫大的幸福。你可千万千万不要突然又把它'收'回去呀！假使我正式向你送上一纸'申请书'，不知你怎么'批'法？……我已经完全被你'俘虏'了……"署名是"心神不定的成"。

此刻，我的公公，应该也是心神不定吧。

年过半百的夫妻们，不像小儿女们纠结"他爱我""他不爱我"的循环往复，也许不再因为爱情而惆怅不已，但那一颗藏爱的心却笨拙可爱。

我想，上了年纪的人，或许不再用"郎骑竹马来，绕床弄青梅"来理解爱情，但他们却身体力行地践行着"老来多健忘，唯不忘相思"。

03

结婚前，我妈妈总是说："找男人，别找对你太好的，他现在对你百般好，那就过头了，多半是装的，等你们结婚之后，激情一过，本性就会显露出来，肯定矛盾重重。"

亦舒写过："妈妈说，男子喜欢，追求女子之际，叫他用头走路都行，在门口站着等一两晚是等闲事，飞机大炮航空母舰，尽化本事献宝，没有办不到，直至得到她。"

想来，我妈说的还是有一定道理的——朵儿爸婚前殷勤，婚后除了葛优躺就是沙发瘫。从朵儿爷爷身上能看到朵儿爸爸的很多影子。

这几年，有了孩子后，为了他的磨蹭与懒散，我们大战过很多回合。从前的我，年少气旺，总认为自己能改变对方，所以盛气凌人地逼迫他做过许多事。

当然，最后我依然未能改变他，倒是我的自省和写作，改变了我自己。

但最后，他因为爱孩子，或许也有在乎我的情愫，在我们大吵一次我递上离婚协议之后，一切便开始有了改变。他开始主动承担家务，主动带孩子玩儿，主动规划家庭建设，主动邀请婆婆帮忙带孩子。

我也开始主动放低对他的要求和憧憬。阿图·葛文德在《最好的告别》中写道："我们自己想要自主权，而对于我们爱的人，我们要的是安全。我们希望给予我们关心的人的许多东西，是我们自己强烈拒绝的，但我们在给予时，却很少在乎对方的感受。"

慢慢地，俩人调频，绝口不提已经翻篇的事儿，日子居然又过了下来，还有了一丝默契。

常常想，幸福的夫妻也不是没有争吵和琐碎，不是没有疲惫和失望，而是能从那鸡毛泥淖里拔腿出来，互相看见，互相提醒，如两棵相依的树，坚守在旷野里，八风不动，共抵风雨。

04

年少的时候，看到丧偶的男人不到一年就再娶，每每愤懑不已，认为他们玷污了爱情，认为人家没有真爱；不解他们为什么就不能为了爱情而独善其身呢？

人到中年，心籁俱平。我渐渐觉得自己这个想法颇为偏激。

《霍乱时期的爱情》里，弗洛伦蒂诺年轻时爱上费尔明娜，后来，费尔明娜嫁给了一位医生。之后，弗洛伦蒂诺一生放荡不堪，历经情人无数。

这样的两个人，当弗洛伦蒂诺听到医生的丧钟在全城敲响后，垂垂老矣的他所做的第一件事，是立刻抛弃身边年轻的恋人，再一次向费尔明娜求爱。

费尔明娜当然没有恪守对于丈夫忠诚的承诺，而是投入少女时的爱人的怀抱。虽然我不喜欢弗洛伦蒂诺这个人，但一个人穿越岁月长河，在垂垂老矣之际仍有爱的能力，仍能做春天在樱桃树上做的事情。

我认为这样的爱情，依然很美。

或许，马尔克斯要告诉人们，爱会让人有超能力，这种能力会让人们在经历了霍乱、恐慌及人间沧桑之后，依然能收获爱。

爱一个人，就是爱一种生活方式

有人爱洛丽塔，因为心底里渴望活力四射；有人爱古惑仔，因为骨子里热爱新鲜刺激；有人爱盖茨比，因为血液里期盼繁华热闹。

然而，无论爱谁，记得爱心底所爱，方能长长久久；无论做什么，记得为自己而做，也就无怨无悔。

01

闺蜜找了个比自己小10岁的男朋友。这事引爆了她的亲友圈。

各种声音纷至沓来，当然，这些声音大都是唱衰的。

有人说："你以为你是贾静雯还是钟丽缇？"

有人说："普通人就应该做点靠谱的事。"

有人说："你连未成年人也下得了手？小心丢了夫人又折兵。"

有人说她是颜控，只看脸；有人提醒她，注意防骗；也有人唠叨她，不以结婚为目的的恋爱都是耍流氓。

但她既不想举旗投降，也不想摇旗呐喊，将这些一一无视，继续逍遥快活。

翻看她的朋友圈，幸福感扑面而来。大长腿和小鲜肉在一起，熬夜赶项目变成了闭关修炼玉女心经，出差奔波变成了策马走天涯。所有照片都有种天仙配的即视感，照片上的她笑得可真开心啊，那是眉宇都沸腾了的感觉。

看来闺蜜这次真的找对了人。她从来都爱自由，爱不拘一格的生活方式，而眼前的这个男孩，似乎给了她这种放松感。

几年前，家里人都极度怂恿她和一个家财万贯的富二代结婚。当时，那个优质男玩命追求她，但她拒绝了。大家都认为她疯了，她拒绝的可是有房有车还有颜的富二代啊。

长辈们说："能遇上一个对你感兴趣的富二代，那是几世修来的福气，就这么拒绝了，日后有你后悔的时候。"

我们也问她："眼睁睁放走一只金龟，需要下很大决心吧？"

她乐呵呵地说："富二代要的是贤妻良母，嫁给她以后就得相夫教子做全职家庭主妇。"

闺蜜是个有野心、爱折腾的姑娘。在没折腾明白之前，岂肯做笼中的金丝雀。不过，小鲜肉目前的经济实力还是比较弱，所以他们在一起的时候，大头开销都是闺蜜自己掏，日子过得紧巴巴的。

问她："后悔吗？放走了金龟婿，抓了个穷少年。"

"莫欺少年穷，他可是我见过的最有潜力、最有想法、最拼命的少年，再说，穷怎么啦？我们快活啊。"

爱有时候不是为了一种结果，而是一种心情。

对于闺蜜来说，她爱这个人，更爱和他在一起的这种放松和舒适。

我们都是自己生命的主角，我们应该选择一个能让自己更快乐、更自由、更美好的人，而不是放弃自我，匆匆成为别人生命中的插曲。

02

与闺蜜追求自由、新鲜、不受拘束的生活方式不同，Z姑娘爱的是安稳。

Z姑娘喜静。她从小就是一个安静的姑娘，安静地读书，安静地生活，安静地等待那个接她入城堡的好好先生出现。

她的梦想是做一个幸福的家庭主妇，拥有平淡而温暖的爱情生活。两人在一起过简单的日子，一日三餐，你做饭我洗碗，晚饭后一起散散步，谈谈心。

可是Z姑娘的初恋男友却是力量型的，他最爱的是跋山涉水、挑战极限和征战商海。

起初，他爱她的单纯美好，她爱他的宽阔深邃。然而，越相处，越发觉，两人的性格南辕北辙，他觉得她太软弱，太缺乏斗志，单薄得无法和他一起扛起未来的生活和梦想；她则觉得他太强，太猛，钱味太浓，入世折腾得太过汹涌。

最后Z姑娘提出了分手，她深知：自己不是可以助他开疆扩土的那一支"枪"，不够力量与他同闯江湖，而他也不是自己的卧龙先生，过不了一粥一饭一人一世的散淡泊名的生活。

对于Z姑娘来说，与其说自己不爱这个人，倒不如说她没办法承受和他在一起时的生活方式。

03

处在五光十色的江湖里，没理由不沾上一点儿纷争。

《东京女子图鉴》里的女主角绫不甘心在小地方过一生，她离开家乡来到东京闯荡，在江湖纷争里沉浮，追寻她最初的人生梦想：成为别人羡慕的人！

她爱的是大都市里的繁华精彩，是精致奢华的CHANEL，是顶级奢华旋转餐厅里的浪漫。

所以，她看不起小地方男性的平庸日常，抛弃了都市里平凡卑微的第一任男友，勾搭上了富二代精英。出租房里的爱情再温暖，也留不住女人那一颗向往上流社会的心；出租房里一起吃火锅的小儿女的情长，虽然温馨，但却比不上奢华物欲生活带来的刺激。

为了融入这座大城市，她铆足了劲往上走，在物欲横流里打拼。爱情不再是始于感觉，而是始于金钱，感觉不够，钞票来凑。

女主的功利心，让爱情也充满了功利色彩。于她，爱情只是生活的第二战场。她选择和富二代精英在一起，沉浸在他身上的光环里，享受他带来的衣食住行等生活方式上的改变。

但最终，富二代精英抛弃了她，选择了与他门当户对的女人结婚。

剧中有个小插曲，女主偶遇富二代精英的妻子，得知她已和富二代离婚，理由是她想实现自己的理想：开一家花店，做花店的老板娘，而富二代丈夫只是希望她能照顾家庭。

有一个采访上说：日本东京许多女孩子不愿意嫁给有房有车的男人，因为他们什么都有了，那就更加没有斗志了。女孩们更推崇小两口从一无所有开始，一点一滴构筑希望的生活方式。

因为这不仅是生活的构筑过程，更是情感的构筑过程。

04

有的人有房有车，但和他一起生活，就像画地为牢，无趣得让人接受不了。

有的人有股票有存款，但和他一起生活，钱味太浓，世俗味呛得让人受不了。

你可以爱Z姑娘这样的女孩子，也可以鄙视小城市出来的虚荣女。但这都是你自己的生活方式，别人都无可厚非。重要的是，你不要人坐在宝马车里，灵魂却跟出租屋里的前男友在私奔，那是一种痛苦的内心撕裂。

如何预防心灵撕裂？

首先要对自己和理想对象画像。

你自己是属于哪一类呢？你的理想对象又是怎样的呢？

女生期待自己的理想对象是：1.多金；2.对她好；3.健康；4.专一；5.成熟稳重；6.有责任心；7.帅气；8.温和。

男生期待的理想对象是：1.漂亮有气质；2.温柔好品格；3.健康；4.年轻；5.有品位；6.聪明；7.独立；8.善良；9.多金。

选五项，并且按次序排列，你会如何做选择？你的选择就代表着你的价值观，也就是自己更希望展开的生活方式。

其次，把时间和空间都留给契合自己心意的人。

因出演《哈利波特》中赫敏一角而出名的艾玛·沃特森，智慧、聪明、清醒，对事业和生活都有清晰的规划。她在事业极速狂奔的时候选择读书，她坚持做学霸，灵活混迹于各个领域。

充满灵气又聪明的她深深地吸引住了哈里王子的目光，却霸气拒绝了他："要成为公主，不一定要嫁给王子。"

她的拒绝没有权衡利弊，没有衡量金钱得失，只不过是不想戴着赫敏或者王妃的光环生活罢了。她要的是活出自己，要的是把时间和空间都留给更契合自己心意的人。

想来，她这样的女孩儿不会等待，更不会让自己成为被王子救赎的灰姑娘，她喜欢主动出击，将自己打磨成公主，然后再去美女救英雄，一如她在《美女与野兽》中塑造的角色。

第三，不要失去对真实而有意义的人的价值认知。

时下流行的婚恋观多半是始于金钱，合于三观，成于人品这类说法。但我们不要被外表的虚化绑架，不被皮囊上的名牌捆绑，就如买衣服，看中的应该是价值，而不是价格。

看人也是如此，应该看到人的本质，才能找到自己生命的价值。因为和一个怎样的人在一起，你的生活方式就是怎样。

当然，与其说是近朱者赤，近墨者黑，倒不如说你是怎样的人，就会吸引怎样的人。你是A+的人，就在A+的圈子里；你是B+的人，吸引的是B+的人；你是C+的人，喜欢的也就是C+的人。

　　所以，想找到自己心仪的对象，还是从修炼自己开始吧。亦舒曾借女主角骄傲地说："这双手虽然小，但属于我，不属于你。"

　　这世间大多数东西，靠个人奋斗得到，才真正属于自己。

无爱的婚姻，即使白头偕老，终是1+1 < 2

01

爱是惺惺相惜，不是同情舍身。

收到沈从文的情书时，张兆和已经给她那些写情书的追求者们编好号了，沈从文是"青蛙13号"。尽管沈从文是张兆和的老师，但她依然拒绝了。

可是，即便如此，也阻挡不了沈大才子的爱意：

"我行过许多地方的桥，看过许多次数的云，喝过许多种类的酒，却只爱过一个正当最好年龄的人。"

"我求你，以后许可我作我要做的事，凡是我要向你说什么时，你都当我是一个比较愚钝还并不讨厌的人，让我有一种机会，说出一些有奴性的卑屈的话。"

情书源源不断地来，一封比一封火热，一篇比一篇露骨，却怎么也融化不了张兆和那一颗"顽固的心"，她甚至觉得沈从文写"我不但爱你的灵魂，我更爱你的肉体"，是在羞辱她。以至于她跑去找校长胡适，向他揭发沈从文的"为师不尊"。

出乎意料的是，胡适先生因为爱才之心，帮沈说尽好话，夸沈是天才，说是社会上有了这样的天才，人人都应该帮助他，使他有发展的机会。

但张兆和为人利索、有主见，她并不认为大家吹捧他们郎才女貌是天造地设的一双，就应该在一起。她认为沈从文纠缠不清，语无伦次，所以当胡适问她能否和沈做一个朋友时，她回答："沈非其他人可比，做朋友仍然会一直误解下去的，误解不打紧，纠纷却不会完结了。"

胡适爱才心切，跟张兆和的爸爸关系也极好，一心想撮合他俩，便劝她："他顽固地爱你！"张兆和却顽固地回答："我顽固地不爱他。"

失败的撮合者写信给沈从文，并将副本寄给了张兆和，信里写道：

"这个女子不能了解你，更不能了解你的爱，你错用情了……爱情不过是人生的一件事，那些说爱情是人生唯一的事，乃是妄人之言。我们要经得起成功，更要经得起失败。你千万要挣扎，不要让一个小女子夸口说，她曾碎了沈从文的心……此人太年轻，生活经验太少，故把一切对她表示过爱情的人都看作'他们'一类……故能拒人自喜。你也不过是'个个人'之一个而已。"

张兆和觉得胡适的意见颇为陈腐，她在日记里撰文反驳道："胡先生只知道爱是可贵的，以为只要是诚意的，就应该接受，他把事情看得太简单了……光只因他爱的诚挚，就勉强接受了它，这人为的非由两心互应的有恒结合，不但不是幸福的设计，终会酿成更大的麻烦与苦恼。"

可最后，张兆和却违背自己的初心接受了沈从文，但过起日子来，才切切实实地发现自己依然顽固地不爱他，婚姻里矛盾重重。

02

给"对方要的"，才能给婚姻插上翅膀。

在天愿做比翼鸟，在地愿为连理枝。显然，沈从文对张兆和有这样的希冀，然而张兆和却对他没有这样的情分。

1933年9月，沈从文与张兆和在北平中央公园举行了婚礼。沈从文拒绝了张父的馈赠，婚后与张兆和居住在北京西城的一个小院里。

婚后的生活说不上快乐与不快乐，但张兆和常常失望。她本性务实，天天关注着吃穿用度，竟然变成一个家庭主妇来。

沈从文的小九妹是沈从文出给张兆和的难题，但她没有抱怨，她只是在日记中淡淡写道："小九花钱的点子层出不穷，沈从文的月薪一星期就花光了。我小时候，朱干干（保姆）每顿让我吃好几大碗饭，把我喂得胖胖的，我跟沈从文结婚后就没胖过，一直瘦得皮包骨。"

经济的拮据让张兆和更加务实，但沈从文却不懂这些生活的经营。他喜欢收藏古董文物，即使家中没有什么积蓄，也要倾家荡产地收购瓷瓶。张兆和说他是"打肿了脸充胖子"，"不是绅士冒充绅士"。

她在日记里写道："家里谁都不节俭，事情要我问，我不省怎么办？"

为吃穿用度焦头烂额而务实的张兆和，常常不能理解沈从文的忧郁。乃至后来，他们的孩子，也不能了解他的生活"逻辑"。

现实生活中，沈从文在各方面从来赶不上张兆和，虽然婚姻里没有阵阵沙尘暴，但双方却像两个国情完全不一样的国家，更加独立，不肯受对方影响。

为柴米油盐操碎了心的张兆和，当然没有翠翠那种洒脱气质，这让沈从文失望不已，他要的不只是平淡的亲情，不只是照顾他生活的爱人，还要灵魂上的心心相惜。但张兆和是属于力量型的女人，她务实接地气，甚至穿起了列宁服，这样的她，实在是弄不清楚沈从文的那些没来由的失落。

"我们母子总想弄清来龙去脉，常冥思苦想，一起讨论，不得要领。"

书信是沈从文用来消除自己和妻子差距的方法，一个凭借文字构想出自己的缪斯，一个享受文字带来的爱慕之意，所以俩人心甘情愿分居了大半辈子。

"你爱我，与其说爱我的为人，还不如说是爱我写信。"晚年分居时也进一步感慨："离你一远，你似乎就更近在我身边来了。因为慢慢地靠近来的，是一种混同在印象记忆里品格上的粹美。"

那些信，后来收入《从文家书》，然而，文字再美，终究也抵不过俩人相知相惜相拥的真实。

张兆和在沈从文过世后整理他的信件文字后感叹："六十多年过去了，真正懂得他的为人，懂得他一生承受的重压，是在整理他遗稿的现在……太晚了，为什么在他有生之年，不能挖掘他，理解他，从各方面去帮助他，反而有这么多的矛盾得不到解决！悔之晚矣。从文同我相处，这一生，究竟是幸福还是不幸？得不到回答。"

两个好人，一个自强自立尽自己之力去生存，一个纯真如孩子，为什么在一起就不能幸福呢？

03

将就的婚姻1+1＜2。

少女时代，总爱读那满纸热烈激情的信，因为那浪漫而热烈的文字，而爱上写字背后的人。

而立之年后，却反而羡慕那种细水长流一粥一饭的温情，那种俩人静坐半日无一语却深深懂得的心有灵犀。

叶圣陶曾说："九如巷张家的四个女孩，谁娶了她们都会幸福一辈子。"说的就张家四姐妹张元和、张允和、张兆和和张充和。张兆和排行老三，故沈从文叫她三三。

三三有强大的内心，冷静而理智。非常时期，沈从文几度尝试自杀，他喝下煤油，又割腕割喉，时常处于"疯狂"状态。而她似乎早已有了举措，避免生活沦落为一场狗血剧。尽管她也和沈从文一样深受伤害，但她却极力适应新社会。

三三的强大内心，足以保护好家庭，甚至让自己在沈从文出轨高青子后，且行且珍惜地原谅他。然而，白头偕老未必伉俪情深，未必让人生添香增色。

爱情就像护肤品，用对了改善气色，提升气质，改变人生，用错了则过敏留疤，在心里留下阴影。沈从文和张兆和俩人都有翻牌重来的机会，但俩人最后都选择了妥协——沈从文对张兆和做的，无非是发挥想象力，把兆和想象成一位完美的黑缪斯；而张兆和做的，则是带着对沈从文的不解和误解，走过了自己几乎错爱的一生。

一段婚姻，如果只是一方迁就一方，一方妥协一方，那所谓的现世安稳岁月静好，就只不过是思想慰藉缺失的假象，这样的婚姻有何乐趣可言？

爱就是爱，不爱就是不爱，婚姻是持久战，岂能因为当初的那一刹那感动而幸福长久，被时间碾压下来，互相灼伤，终究还是 $1+1 < 2$。

愿你见过生活凌厉，
依然内心向暖

第五章

通透的姑娘，早已熬过迷茫期

01

那年夏天，古美人来北京出差，因为她一直在东奔西走，访谈客户。直到她准备离开北京时，我们才在高铁站一聚。

短短半小时的相聚，大部分时间都是我在抱怨，抱怨职场不公，抱怨运气不好。

彼时，她已是企业高管，内心深处白天有艳阳高照，晚上有白月辉映，生活正有滋有味。而我，虽然找了与文字相关的工作，也算曲线救梦，但内心却常有乌云，诚惶诚恐，迷茫不堪。

临别时，我们长久地拥抱，忽然想起高中某次考试失利，趴在她肩膀上放声大哭的情景，但此时却想哭也哭不出来。

她轻拍着我的后背说："要好好爱自己，这是逐梦的资本。"

高二文理分科时，古美人毫不犹豫地选择了文科，她的目标非常坚定：某著名大学中文系。

而我，却在亲戚朋友们的分析和建议下完全迷失了方向。大人们觉得理科更有前途，而文科特别是文学是万金油。而我自己根本就没有明确的目标，我虽然热爱文学，但却缺乏坚持梦想的勇气。

高考后，古美人去了北方某大学读中文系，而我则留在南方某座城市读了自己不喜欢的专业。

大学时，我们常常写信。她总来信告诉我，她写了什么诗，发表了什么作品，认识了哪个作家。而我，却总告诉她，我又爬了哪座山，去了哪座城市，然后又谈了一场怎样无疾而终的恋爱。

古美人有段时间内心十分挣扎，因为家里让她转法律专业。她写信说："我内心十分迷茫，法律我当然是不爱的了，可是自己又觉察到自己其实并没什么文学天赋。特别是与所谓文学大咖及作家们打交道后，心里更是不想当什么作家了。我觉得我背叛了自己，背叛了过去，内心充满痛苦，有被撕裂的痛苦。"

我虽然积极安慰她，但内心却因为缺少觉醒而无法共情她。

02

毕业后，我们有好长一段时间没怎么联系。

我只知道她进了一家互联网公司当网络编辑，总是加班，总是需要各种学习和充电。

当我还在职场里懵懵懂懂时，她告诉我她创业了，以营销合伙人的模式，和以前的领导一起创业。

从此，她就开启了空中飞人的模式，她总在天上飞来飞去，到各个城市出差，忙到爆。我们偶尔在深夜聊天，她说她的规划和人生理念，我说我的踌躇和那失落的梦想。她总鼓励我去追梦。

真开始追梦，才发现一切并非易事，非常辛苦不说，那看不见的前景黑暗无边。

她说："要暗透了，才能看见星光，熬着吧。"

我沮丧地说："如何熬？用身体熬？还是意志力熬？好迷茫！"

她说："你还记得大学时我给你写的那封长信吗？那个时候我身处在黑暗里，那是一种昏天暗地的黑，我十分恐惧，内心撕裂，那时候真的担心自己熬不过去，就死在迷茫里了。

我有很长一段时间什么也不做，却发现内心更迷茫，更焦灼。于是，我决定做些什么。所以，我去找了兼职工作，在奶茶店打下手，又去服装店卖衣服，去销售公司做销售。后来，在那家互联网公司，其实，编辑工作我并没有做多久就转岗了，我做的是营销岗。因为我发现自己更爱和人打交道。

在整个过程中，迷茫、自我怀疑、自卑、痛苦等情绪并没有完全离开过我。它如同影子一样始终跟着我，然而，我已经学会和它和平相处，学会透过它看见自己的内心，尝试探索自己的追求。

我从未停下探索的脚步，直到感觉一轮红日在我内心升起。我知道，我已熬过黑暗，天已放晴。"

03

如今，已经熬了五年的我，心里虽未有红日升起，却常有一轮明月相伴。

偶尔还是会有迷茫，还是会闹小情绪，但我已知怎样去同自己和解，知道怎样通过行动去"熬"。

而古美人呢，她赢得了爱情。不过，她并没有过上公主在城堡里的幸福生活。她依然忙碌，依然奔波。学各种东西，不断折腾。她说生命在于折腾，折腾让她生机勃勃，让她的生命更加丰富多元。

有这么一个永远向上的闺蜜是我的幸运，她引领我，及时化解我的情绪，给我勇气，就像北极星照亮黑夜，那一道光芒足以让我熬到满月挥洒，熬到红日喷薄，乃至日月星辰齐辉映。

但并不是所有人都能有这样的好运气，遇到一个能开解自己的友人。所以，网络上总是充斥着这类新闻：广州白云区钟落潭镇的某高校一名19岁女生坠楼身亡。该女生去世前曾给父母发消息称："觉得活着没意思。"

迷茫的时候，眼前只剩一抹黑，会觉得活着没有意思。这其实是不会解决自己和内心之间的问题。

梁漱溟先生的三大问题，说的极有道理。

先要解决人和物之间的问题，接下来要解决人和人之间的问题，最后一定要解决人和自己内心之间的问题。

要处理好自己的内心世界，可不是件容易的事。但下面几个建议或许对你有所帮助——

1.真诚地面对自己、不回避，学会"吐露真情"。

首先要真诚地面对自己。当迷茫出现时，要能识别自己的情绪。应该警醒，觉知到情绪。认知是控制的基础，认知后才能有意识地管理情绪。

现在回想，高中有段时间，我过分孤僻，整日闷闷不乐，有压抑、想哭的感觉，现在回想，那就是抑郁症的症状。但当时，我自己并不自知，现在回想起来好恐怖。

觉知到自己的情绪后，要允许自己去完全地感知情绪，并吐露它们。"吐露"——对你信任的人表达痛苦的情绪——恰恰是释放情绪的一个关键。

2.探索并建立自己的情绪处理模式。

情绪就是心魔，你不控制它，它便吞噬你。而一个能做大事，能成功的人，一定是一个能管控好自己的情绪和行为的人。

拿破仑说过："能控制好自己情绪的人，比能拿下一座城池的将军更伟大。"

当觉知到自己的情绪，向人求助也是一种处理模式。除此之外，通过阅读心理学，寻找咨询师，都是情绪处理模式。

3.积极探索人生目标，以成功者为模板。

人之所以会觉得没劲，活着没意思，那是因为目标的缺失。目标缺失，人就容易迷茫。其实，迷茫是可以阶段性摆脱的，就像人生是可以规划的。

行动力强的人做规划排除迷茫，行动力差的人却被迷茫拖累一生。比如古美人，她就是通过不断实践，不断折腾寻找目标。期间，她还观摩各类成功女人的成长之路，最终把贝嫂当作自己的人生目标，模仿她的穿着，模仿她的行为处事，模仿她的阶段目标，实施一段时间，再落实到自己的目标。

4.最好方法是——现在就去想，现在就去做。

与其在原地想破脑袋，想自己喜欢什么，能做什么，活着为了什么，还不如积极探索，奋力拼搏。再好的跑车，不跑起来，也是废铁。

只有历经汗水与泪水的冲刷，未来的雏形、活着的意义会悄然出现在灯火阑珊处，而那压抑、悲观的情绪也在不知不觉中烟消云散。

总之，宁愿在撞南墙的路上"动"起来，也不要在裹着"糖衣炮弹"的原地迷茫地等待。

切莫因为迷茫而瞻前顾后，荒废了时光。

事业有成的年轻人，多少都有点"六亲不认"

01

你最大的焦虑源于什么？

C姑娘已经毕业五年，在深圳打拼。刚开始，她每年都省吃俭用，将余钱寄给家里。第三年，C姑娘对父母说，她想把钱存起来，用于学习和交际，为以后打拼做准备。

第一年，她父母唠叨了两句"没钱用"；第二年，父母开始偶有怨言；第三年，她父母一而再再而三地向她伸手要钱。

其实，C姑娘刚出社会，工资本就不高，除去生活开销、房租和学习提升的花费，所剩余粮的确不多。

为娘的不满，唠唠叨叨说："你看邻居家闺女，每年过年都要拿好几万给她妈妈。我和你爸含辛茹苦供你上大学，指望着你挣钱了补贴家用，没想到养了只白眼狼。"

C姑娘很委屈，一方面她想追逐梦想，做自己想做的事，另一方面她不敢再违背母意，不想被整个家族视为"白眼狼"。

想来想去，C姑娘决定放弃一部分计划，来满足妈妈的索取和愿望。

结果，在深圳这样的大城市里，她不敢多出门交际，因为怕花钱；不敢买化妆品和衣服收拾自己，因为怕花钱；不敢住公司附近，因为关内房租贵，她每天坐一个小时的地铁，倒两趟车到公司上班，因为怕花钱；她不敢报班学习，因为怕花钱……为了省钱，她需要花费更多的力气和时间达到预设的目标。

如今，C姑娘每天忙得要死，却发现那些一起从零奔跑的人，早就将她远远甩在了后面。她陷入了无尽的焦虑里。

对于这个时代里那些大胆往前冲的年轻女孩子，C姑娘羡慕的不是她们已有的成绩，而是家人对她们的支持与爱。她们没有"及时回报父母"的压力，在奋斗的路上能轻装上阵。

但是C姑娘，却在努力工作、回馈父母、提升自我、追求梦想中分裂着自己的精力与人格，在繁华的大都市里默默流泪。

"我不怕苦，不怕累，就怕父母不理解我的愿望。事实上，我现在不给他们钱，就是为了以后给他们更多的钱。但这话说出来却没人相信。"

02

我的前同事乐小姐却不一样。

她自毕业就很少补贴家用。面对妈妈的旁敲侧击，她都说："妈，你要真到山穷水尽的地步，我肯定养你，但现在你手里殷实着呢，你何必惦记着我这点儿小钱。等我挣大钱了，一定孝敬你。"

一句话，说得她妈妈心花怒放，暂且饶过了她。

乐小姐一毕业，就筹划着自己未来的事业，三年规划，五年规划，早已做好，并在一步步地执行。

刚毕业前三年，她辛勤工作，苦抓业绩，赚了30万，存上15万，其他一并花在学习提升、沙龙聚会、朋友培养和衣服上了。后来，她用这15万，再采用向妈妈软磨硬泡打欠条的方式，借了二十万，付首付，买了一套小小的房子。

为了还债，她一方面更加努力工作，同时也积极地向各行各业的大佬学习，积极拓展自己的视野。当然，她的妈妈也没少提醒她还钱。不过丫头坚挺着呢，她自信地说："妈妈，我给你付年息吧，一年一分的利息，五年内我一定连本带息还给你。"

她度过了非常辛苦的五年，从没有一天早睡过，一直在学习和工作的状态中度过。她说道："如果五年内我还不上我妈的钱，我妈肯定得跟我闹，那是我哥哥结婚的钱呢。"

但也就在那几年，互联网创业开始火了起来。新浪微博火过之后，微信崛起，她凭着常年学习的敏锐嗅觉以及圈内人的信息共享，抓住机遇，成为第一波微信公众号博主红利用户。第五年，她连本带息还了妈妈的钱。接着又用赚的钱，付了首付，在深圳又买了一套房。

现在，深圳房价大涨，乐小姐两套房子价值直线上升，她成了圈内小有名气的富婆，有房有车有存款。

她说，她要感激的还是父母，要是妈妈当初不相信她，不由着她折腾，她可能还是个拿着月薪，朝九晚五，按部就班的乖乖女。至于千万富婆这个头衔，她曾经也以为只有电视剧里才会有，如今却砸到了她的头上。

03

与男孩创业不一样，女孩创业总是会面对更多的压力。

我的学姐，她说她为了积累创业资金，已经很多年没有给家里寄钱了，除了逢年过节给父母零花钱，她没有一次性给过上万的数字。

她母亲抱怨："家里缺钱盖房子，家里缺钱买家电，家里缺钱给儿子娶媳妇。"

学姐懂母亲的意思，但她说我不想违背自己的心，所以选择直截了当告诉母亲："我现在最需要的是事业和格局，而这些都是需要经过闯荡才能沉淀。闯荡需要资本，需要金钱资助，我目前只能自给自足，但等我事业成了大了，我一定天天孝敬您。您想，若我事业成功了，还愁没钱孝敬您吗？"

做母亲的哪会轻易放弃。有时候，她会直接打电话要钱，但学姐觉得家里不差这些钱，而自己尚处于创业的艰难时期，真的是没有余钱。做母亲的软磨硬泡，好听的，不好听的话，都从她嘴里倾巢而出。

她只好选择左耳进右耳出，有时候实在听不下去了，也会给一笔钱过去。

"但结果我发现，我母亲将我的血汗钱投入在六合彩上，那可是用青春的奋斗时间换来的，就这样被浪费掉，太不值得了！"学姐激动地说："所以，从此我再也不往家里拿钱了，他们根本就不缺生活的钱。"

后来，学姐公司运转了起来，并且有了小小的盈利。她母亲便想安插自己的哥哥、姐姐、大侄子、小侄子到学姐的公司。

学姐的公司是创意型广告公司，这些大舅二舅三舅，真的帮不上忙。她和母亲解释，母亲不懂，只觉得女儿是在推脱，说她是"白眼狼"，白养了一场，白送她读了大学。

学姐一脸难过地说:"我那母亲,恨不得我是一个观世音呢,不普度众生,也要普度一大家子。我要是不坚持自己的原则,我那公司早就成为家族'据点',最后怕是要被'一窝端'"。

04

与学姐做法形成鲜明对比的,是她的姨妈。

学姐的姨妈年轻时也曾风光无限,她年轻创业,并且一度风生水起,财源广进。但树大招风,亲戚们蜂拥而至,亲戚们的亲戚们也闻讯而来,再远房点的亲戚也总想着如何沾光。

铁打的姨妈,流水的亲戚。

一年三百六十五天,姨妈除了要经营公司,还要照顾这些亲戚,照顾他们的情绪,同时也要照顾他们的钱包。人的劣根性就是如此,沾了一次光,下次还会再来。

最后,姨妈公司解散了。因为不解散,也要被这些亲戚们给拖垮了。

关门大吉的姨妈,有一段时间经济困难,她找曾经她救济过的那些亲戚们借钱。结果,那些人不仅不借钱,还挖苦道:"瘦死的骆驼比马大,你怎么可能差这几个钱?"

还有更夸张的言论,说姨妈这人自私、爱装,若真的山穷水尽也是她活该!

我的姨妈就是毁在她的优柔寡断上,她虽然不满亲戚们,但还是得花力气应付他们,那些微小的不满情绪被亲戚们捕捉放大,所以他们多数人不但不念她的好,反而将她诋毁为无情无义之人。真是悲哀。

所以,为了事业的发展,我们暂且可以"六亲不认"。这个阶段,我们只能顶着家人、亲戚们的不满坚持创业。这或许就是创业狗另一方面的辛苦吧!

05

《倾城之恋》里的白流苏,婆家待不了,娘家留不住。

有的时候,我们的父母因为他们的各种原因,有着"牺牲小家、成全大家"的倾向,或者是"成就儿子"的倾向,而我们要做的是坚持自己,成就自我。

这世界上,舆论认为,你如果不让父母称心如意,你就是不孝;你如果飞黄腾达了,不对你的家族伸出援助之手,你就是不义;你如果不能踩在自己的生命线上贡献另一半,你就是不忠。不忠不孝不义,你就是大尾巴狼。

于是,有人违心附和,渐渐拉沉自己;有人顶风作案,断尾求生，大义灭亲，成就自我，也渐渐赢回尊重。

中国的"巨婴"很多，许多家庭成员之间的界限黏糊糊一坨。

而我们要做的是，把握界限，年轻的时候，该拼事业的时候拼事业，该布局人生的时候布局人生，把自己这艘小船渐变成诺亚方舟。

要过有力量的人生，哪怕只是在租来的房子里

我发现，身边那些买了房的家庭多是因为家里有个做事果断的女人，或者家里有个做事有目标有计划的女人。一般来说，女人是家庭财富、家庭文化建设的引领者。

房价飙高之下，男人们总是犹犹豫豫，觉得房价太高，压力太大，认为还需要再观望观望，说不定房价哪天就跌了呢。

反而是女人，只要打算买房或者买保险，就会真的去做功课，各种政策，各种案例，各种打探，各种方案对比。拿数据说话，拿气魄办事，胆大包天，在一片反对声中打下"家"的江山。

01

朋友龙颜，小身板，娃娃脸，却有闹海的精力与胆量，无风也

要起浪。龙颜说要买房，她老公阿城马上斜视她："行了，别跟风了，咱那点儿工资，都不够花的，再说，花几百万在这买个房子，还不如回老家养老去。"

龙颜不理他，第二天却拿出几张表格给她老公，分别是深圳近几年房价增长趋势图、家庭财务分析图、未来计划表，包括育儿计划。

她老公指着她的结论说："买完房，咱月月光不说，还负债累累，这么大的压力，咱还是别买了吧。"

龙颜的老公外表虽然帅气，但内心却优柔寡断、保守、怯弱，想来龙颜这买房之路只怕是十分艰辛。

龙颜一不吼，二不闹。第二天她把首付款来源清单、月供计划贴床头。并且每天早上起床就是念念念。她一念，从前爱睡懒觉的老公，骨碌一下爬起床，就像头痛的孙悟空，向她求饶，末了少不了说她走火入魔，威胁她说："你买房可以，但我不支持你一分钱，你可想好。"

龙颜咯吱了下他老公说："你马上就成为有房一族了，应该高兴啊。再说了，说不定我现在就有孩子了呢。有孩子了，你爸妈过来帮我带孩子，你不会忍心让他们也住出租屋吧。这又黑又小的房子，肯定会让老人家想家。"

她老公将她手拿开说："龙颜，我和你说，这事可不是闹着玩的，买房呢！你以为是买白菜啊。我们以后又没打算在这定居，你瞎折腾什么。钱还是拿自己手里靠谱。"

龙颜没说什么，洗漱匆匆出门。自从买房的计划提上档期后，她天天活得像个斗士。首先是将能变现的资产变现，然后又是找亲戚朋友借钱，公积金、贷款，一一落实。最后拉着老公一起看房。

男人没什么耐心，又不赞成买房，所以呈怨夫状。龙颜便在这一套又一套房子里放飞她的梦想，她勾勒出一幅又一幅幸福美满的三口之家的画面。

龙颜勾着老公的胳膊，问中介小伙："这房半年前多少钱，现在多少钱。"

他们看的都是学区房，房价基本上都成几何式增长。所以，别说半年前，就是和一个月前相比，那房价也是跨了一个台阶。

返程的路上，龙颜对着镜子补妆，一边自言自语地说："要是一个月前下手就好了，能省不少钱呢。果然时间就是金钱。"

看了几次房后，龙颜老公渐渐动摇了他那颗死也不买房的心。这时候，他爸爸妈妈居然来深圳了。

阿城父母退休已久，以前他邀约他父母来深圳玩，父母怕花他们的钱总找各种借口不肯来。这一次却直接就到家门口了。他们兴高采烈地说是来旅行的，顺便到这边大医院体检下，阿城半信半疑。

父母一来，这一房一厅的小居室，立即就变得拥挤起来。虽然，小两口让老人睡卧室，自己睡客厅，但总觉得让父母受了委屈。

龙颜带着公公婆婆到处玩了一个星期，又带老人体检什么的。走的时候，婆婆对儿子阿城说："你们在外，住不好吃不好，我觉得还是回家吧。住这么个鸽子笼，闷得慌。"

公公婆婆一走，阿城自己叫嚣上了："买房，买房，赶紧买。"

龙颜这边跟婆婆悄悄打电话，说："您放心吧，我督促他上进，督促他存钱，让他早日买房。"

到签合同的时候，阿城忽然又说不买了。他对龙颜说："我看还是别买了吧？但如果你要买，万一，如果，以后，这房子跌了，或者咱供不上了，你负责。"

龙颜不理她，握着他的手，让他把名给签了。

整整一天，他一直念叨："龙颜，如果这房子跌了，或万一供不上了，你负责。"

没想到的是，这房子刚买完第二天，房价就像打了鸡血似的疯长。

但苦日子也来了。装修完房子，俩人连买家具的钱都没了，夫妻俩在地板上整整睡了一周，之后才找朋友借钱，买了一些二手家具。

阿城心里想：就算是睡地板，那也是睡在自己的房子里，同时他也暗暗庆幸，幸亏自己老婆是头勇敢的倔驴，坚持买房且下手果断，不然现在只能望房兴叹，以后还是乖乖听老婆的话吧。

龙颜说："瞧，男人就是势利眼，现在可是把我当女皇一样供着，以前，我的地位可是比祥林嫂还低呢。"

02

在地铁口排队安检时，我听到一女人在打电话，她的语调和她的心情一样起伏不定："这房价一年一个样，我们不能再等了，再等就永远都买不起了……不能再等了，就是听了你的，等等等，现在房价就是天价……这下可能真要从哪里来滚哪里去了。"

我是个极度八卦者，恰巧我们又是坐同一方向的地铁，所以就跟着她上了同一节车厢。

大概是因为对方给她分析了许多不能买房的现实原因，她突然崩溃地吼了起来："我怎么就是马后炮？我当时不是说要买嘛，不是你找各种各样的借口反对吗？你总怕有压力，还说什么我做白日梦，王姐当时条件还没我们好，她就因为前年买了房，才有钱的……什么我不现实？你要等到什么时候？……"

"等房价跌？去年我说要买房，你也说等房价跌，结果房价更高了……都是你的错，你说你能成什么事，干脆离婚好了。"

挂完电话，她不理会别人异样的眼光，开始抽抽搭搭地哭泣。

当时我忽然想到身边有无数个这样的她，我自己也是其中一个。犹豫，纠结，缺乏果断……当然，也有可能是真因为另一半所羁绊。

但静下心来细想，还是我们自己缺乏做决定的魄力，我们自己犹豫不决，不知道怎样的决定才是正确的，而往往让另一半为自己的行为背锅，觉得是另一半坑了自己，害自己失去了一套房子。

闺蜜买房已经有三年了。但最近才知道，她老公为买房还借了一些外债（除了夫妻双方共同知晓的借款）。

闺蜜说："得知他欺骗我的时候，我非常伤心，但回过头来想想，我们当时的钱真的不够买房，如果当时我知道实情的话，估计房子就不会买了。虽然提出买房的是我，坚持要买房的也是我，但在首付远远不够的情况下，我没有这熊心豹子胆。"

她老公的这个隐瞒行为，反倒成全了她买房的愿望，或许这就是心理上的临门一脚。

03

从某种程度上来说，买房是一件理性+冲动（勇气）的事儿。它就像恋爱多年后进入婚姻，需要冲动，勇气，需要理性地认清自己的财务状况，有时候更需要临门一脚的外力帮助，来突破心理安全线。

刚毕业时，我和别人合租过房子。当时那个合租的姐姐就想买房，据她当时的说法是，她和她老公有点儿积蓄，出个首付是没有问题的，所以她想买房子早日把留守的孩子接到身边。

但她老公说，他还没有准备好，他要等挣够钱了再买房，到时候一次性付清，这样他的心里才有安全感，要不然，万一，万一自己供不上房子了怎么办？这样太没安全感了。

但直到现在，他们也没有买房，因为挣钱的速度追不上房价上升的速度。

当然，随之而来的就是无尽的埋怨与争吵，夫妻双方互相怨恨，一方责怪另一方没有采纳自己的意见，一方则认为另一方站着说话不腰疼，责怪她从来就没有真正去行动过。吵来吵去，房子没买成，家却已经快散了。

与她做法相反的是，我的前同事A。在我看来，她还没到买房的时候，因为手里的钱不够！她自己也这样认为，但她两年前就买了房。

当时买房的主要原因是因为A的婆婆，霸道总裁范的婆婆说："住个鸟笼子，我才懒得过去给你们带孩子，除非你们买房了。"

所以，为了让婆婆来给她带孩子，为了自己能复出职场，同

234

事Ａ咬咬牙，借了些钱，贷了款，把房买了。没想到的是，房子一买，就增值了。皆大欢喜！

海伦凯勒说过："只要朝着阳光，便不会看见阴影。人生最大的灾难，不在于过去的创伤，而在于把未来放弃。"

所以，即使觉得自己错失买房的最佳时机损失了一个亿，那也是过去式。未来，我们还是需要拥抱美好，拥抱生活，做一个生机勃勃的人——哪怕只是在租来的房子里，我们也要过有力量的人生。

你有多独立，就有多自由

01

见过一对夫妻，他们是同校的学长与学妹，两人是在社团里认识的。和他们待在一起久了，你就会发现，他们就像两条畅游在蓝色深海里的游鱼，在想象力、视界与知识中穿梭。

他们两人有共同的兴趣爱好，自大学起，就背包一起骑行西藏，徒步云南，也能通宵达旦一起观看黑白老电影。

男生研究生毕业后去了美国读博，女生留在国内某大学任教，后来，男生因为某课题研究，在美国又多待了几年。期间，两人一直维持着异地恋。

很多人，走着走着就掉队了。很多情，谈着谈着就淡了。很多关系，到最后也只是相识一场。

然而，他们却因为距离，彼此越来越美。男生事业有成，女生在教学之余摄影、写书。今年，男生回国，俩人走进了婚姻，看他们相处的模式，真有种无拘无束，岁月静好的感觉。

问男生："留学期间，你对她放心吗？她会不会打越洋电话找你哭闹。"

"不可能，笑笑比我还忙，我打电话找她哭诉还差不多。"

问女生："你不怕他变心？毕竟你们分开了这么多年。"

"我相信他，更相信我自己什么样的结果都能承受。所以，我真的一点儿都不担心。"

问男生："你呢？"

"不会有这样的事儿，我俩都属于独立的个体，有各自的理想和兴趣爱好，仰仗这些追求，我们就可以活得很充实。当然，我们也很幸运，因为在这些理想和兴趣爱好中，我们有共同的交集。"

爱情及两性的平等，很大程度上依靠自己去争取。你有多独立，爱才会有多自由。

02

读到一段文字：我在意大利几乎没拎过自己的旅行箱，因为意大利的男人都好热情，但在挪威，从头到尾都是我自己拎箱子。

挪威是一个女权意识比较发达的国家，挪威的法律规定了女性在政治与经济生活中，拥有和男人一样的权利。同样，挪威女人不会享有中国式产假，挪威男女产假一样长，父亲是十个星期，母亲也是十个星期……

挪威男人不帮女人提箱子，一，因为挪威男人没有照顾女人的习惯；二，他们担心帮女人拎箱子会被看作是性别歧视；三，这是女人自己的事。

可是，即便如此，挪威的女人们还是愿意做挪威女人，而不是享有长达四月以上产假的中国女人。

为什么？

因为自由。

她们认为箱子没人帮忙拿，产假没有那么长，性别弱势照顾也没有了，但正是因为这种独立，她们拥有了更多的权利，她们能自己决定做什么事，能做的事也越来越多，更能主宰自己的命运。

独立，累的是身体，不独立，憋屈的是心灵。

越独立，越自由。

03

结婚后发现：独立是婚姻的基石。

金星问杨幂："如果你想给你爸妈买套房，你会跟你老公说吗？"

她说："不会。因为我买得起啊。"

这是一个女人的底气，也是自由。而这份自由来自女人的经济独立。

任何时候，光想着靠别人，而不是养大自己的心，养肥自己挣钱的本事，就有可能随波逐流，最后完全被他人左右，还要责怪自己"命不好"，没有找到可靠的男人。

靠一人养着另一人的婚姻，不是最持久的婚姻关系。

习琴时，认识了一位大姐。她是那种永远在向上折腾的人，她说这些年她一直在折腾，而照顾孩子打理家庭的事多亏了她老公。

我们都羡慕她，说她有个好老公。

她转而感叹道："你们羡慕我，但是好多人羡慕我老公，说他找了一个有钱的老婆，不需要在外打拼。你们不会想到，因为这些原因，这些年，我老公没少罢工，没少和我吵架，大有离家出走之势。或许，过些时候，我真该收敛回归家庭，让他去外面独立闯荡一番。"

04

深圳是座年轻的城市，也是年轻人扎堆的城市。

　　来这儿打拼的人，大多是父母心中的宝贝。然而，进入社会后，那些能迅速独立、不依附家庭、选择逃离父母打造的舒适区，在生活的试炼里"探索、建立、追求自我"，才是真正的强者。

　　S在深圳与老家之间来回切换了好多回，每次工作遇到不顺利，就辞职回家，回家后又不甘心，只得再次选择深漂，然而依然受挫。

　　她的每份工作都撑不过五个月就会打道回府。S最近已在老家待了近半年，就为了干一件事——相亲。而她，还不到二十四岁。

　　当然，这是个多元的世界，有人无争无求，那也无可厚非。

　　但在面对现实时选择逃避的人，往往会一事无成，因为他们很难发现将来可能获得的利益。选择眼前的安逸，难以独立，经济上独立不了，心理上也断不了奶，可又不甘心自己一事无成，只能在某个角落里自怨自艾，抱怨世界不公平。

　　所以，每次同学聚会，都会有人羡慕地说：

　　"XX同学过年没回家，带着全家人坐游轮玩转世界去了，有钱就是自由！"

　　"XX同学买了宝马车，带回了漂亮女朋友在家大摆婚宴，有钱就是任性！"

　　"XX同学又升职了，听说已经做到了中国区总裁，想当初，我们还一起去找工作呢，这世界真不公平。"

　　既然无争无求，那么，就用不着感慨世界不公平了吧?

　　铁打的世界，流水的关系。在这个快速发展的时代，连独立都做不到，就不要怪人情淡漠，世界不公平。

　　至于自由，那就更不用谈了吧?

我们总把希望寄托在明天，而让今天活在苟且里

01

和闺蜜一起遛娃，她提议带娃去探索大自然。

当时已经是下午四点了，我说："都这点了，咱们还是别去公园了吧，距离有点儿远。"

她笑笑不答，却将我们带到了离家不远的一块废弃之地。

她说："这儿未来会建学校，暂时还未动工，所以长满了荒草。雨后，草丛里会有一些小生物，比如蜗牛。"

朵儿常听《蜗牛与黄鹂鸟》，但却并未真正见过蜗牛。听到可以看到蜗牛，她激动地拍起小手。

看来闺蜜经常带孩子来这儿探险，只见她三五下，就找出了两只蜗牛。

孩子们围着蜗牛兴奋地叫着，特别是朵儿姑娘，小脸涨得通红，快乐地说："妈妈，妈妈，我看到蜗牛啦，蜗牛原来长这样子的呀。"

我带着孩子们看蜗牛，闺蜜转身又去草地寻觅去了。不一会儿，她就摘了一大把小雏菊和草枝出来了。只见她像变魔术一样编织出了一个花环，递给朵儿。

朵儿姑娘当时脸上的欣喜，为娘的我一辈子也忘不了，她拿着花环亲了亲，非常高兴地说："哇，真美丽呀，我好喜欢，我太喜欢了，今天好开心，我太开心了。"

我从未见这孩子这样过。平日里我总责怪她看太多电视，是典型的电视迷。却没反思过，孩子对这世界的热情，与父母对这世界的热情成正比。

平日忙忙碌碌，总想着等挣了钱，积累了假期，我就带着孩子去各城市游玩。

我过着枯燥的朝九晚五生活，想象着未来生活的丰富，想象着孩子在旅行时的笑脸，却没想到，孩子所要的，只不过是一只蜗牛和一朵小花。

更不曾想，只要用心，废地也会变宝地，荒凉也会变得有趣。

也许，我们要做的是，不是想象生活，而是着手生活。从发现一朵花开始，发现真正的生活；从发现一只蜗牛开始，发现一个其乐无穷的世界。

02

忙碌的人忙碌于任何事，除了生活。

P姐说，她最近被她妹妹骂惨了，但事后想想又觉得她妹妹骂得好，骂得太对了。

P姐是典型的工作狂，就是那种恨不得一年三百六十五天，天天工作的人。因为工作能满足她成长的欲望。

时间对于她来说，那是分秒必争呀。走路匆匆，吃饭匆匆，睡觉其实也匆匆——秒睡，闹钟一响，秒起。绝对是一个超级自律的人，也绝对是成功女人一枚。

身边人都夸赞她，膜拜她，唯独她妹妹常唾弃她。

"一个以生活情趣换取成功的女人，不知道别人到底羡慕你什么？"

"一个没有生活的工作僵尸，那还叫活着吗！"

"一个被忙碌绑架的生活白痴，白痴才会羡慕你！"

……

P姐的妹妹属于心灵手巧型的姑娘。我看她的朋友圈，每天分享着一些小而美的事物。自己动手做寿司和绿豆冰棍，用旧衣物拼接一条桌布，摘点野花插花……

这两姐妹，真的是太不一样。

看P姐一副气得不得了的样子，我安慰道："你要养家挣钱，她又不需要，所以我能理解她的闲情逸致。"

但P姐说："不是如此啊，她挣的钱一点儿也不比我少呢。她是个外贸SOHO，在家单干，也会有忙碌的时候，但她就懂得抽离自己，让自己走进生活。以前，她骂我我当耳边风，今天忽然全听进去了，是时候改变了。"

"如何改变？"

"喏，这是她丢给我的，她说：'你要学会生活，从舍得为生活花时间开始。'"

我低头一看，正是那本风靡大江南北，却被我曾经认为是浪费时间的涂色绘本《秘密花园》。

看来，该改变的不止她一个。

03

表妹花儿是设计师，工作非常繁忙，加班比较多。但即使再忙，只要下班稍微早点，她都坚持自己做饭吃。她常在朋友圈里晒厨艺与美食，父辈们看到后极为赞赏，认为她是年轻人中既会工作又会生活的榜样。

表妹的勤快有目共睹。早起去菜市场买菜的年轻人并不太多，表妹就是其中一个。只要是周末不加班，她便会早早地去菜市场买菜。她说她喜欢饱含露珠的蔬菜，因为它们鲜嫩、水灵，食材本身的灵性一览无余。

她说："还有一点，我喜欢菜市场里的烟火气，它让我切切实实地体会到，我还真情实意地生活在这个世界上。那刚刚好的人情味，让我在钢筋水泥森林里变得麻木的躯体迅速得到复苏。"

只要表妹发出邀请，我们必去蹭饭。而且每次都是吃到撑，常常因为饭菜太好吃了，而舍不得停下碗筷。

一日饭后，我感慨道："天才厨娘做得饭菜就是好吃，就连白米饭吃起来都有核桃的清香。"

她笑道："这个简单，饭熟后，你在饭上点几滴初榨的核桃油，就会有核桃的清香。"

人们常说，味觉的生动体验最能代表生命的丰富多彩。

表妹做得每一道菜不但精致，而且色香味俱全。她对器具非常讲究，什么碟装什么菜，什么勺配什么碟，经过她的一番精心摆弄，让生活都充满了仪式感。

觥筹交错间，味蕾腾飞间，我似乎能看到表妹那流光溢彩的灵魂。无怪乎长辈们对她举手称赞，她实在是值得被称为生活家。

04

我们总把希望寄托在明天，而让今天活在苟且里。

我们总以为幸福是宏大的系统，而未曾想到幸福其实藏在细小生活的微光里。

朋友也说，自从画完那本《秘密花园》，她渐渐也"肯虚"度时光了。在晨光下听音乐，喝酸奶，打个盹……这一切原来是这么美妙，她"虚度"了时光，而天并未因此塌下来。

岁月悠长，走着走着就倦了，活着活着就迷失了。但你若有颗懂生活爱生活的心，就会越活越有滋有味。

生活的趣味全在细节之中，无论是清晨斑驳的阳光，还是傍晚天空的火烧云，还是工作间隙里的浇花，那都是点亮生活的一种方式。

岁月长长，愿你我内心从容

01

2010年的时候，我有点儿心灰意冷。那段时间，我刚失恋，一个人孤独地在城市里漂泊。

那时，我最常做的两件事是：加班到深夜十二点，然后步行，穿越大剧院广场，晃悠悠地回到住处；周末逛图书馆，常常随便拿起一本书就开始读，一读就是一整天。

那段时间，除了工作和读书，我发现自己再也静不下来了。跟我合租的萍姐很担心我的状态，周末便拉我去荔枝公园的英语角。

她说："一个人待久了不好，周围得有点儿人气，跟我去凑凑热闹吧。"

我说："我害怕说话。"

她说："就是知道你害怕说话，所以才拉你去英语角，一群人在那叽里呱啦，是不分你我他的，就像玩偶剧一样，你尽情说就是啦。"

我去了，但依然不说，只默默地听别人说，听得最多的还是萍姐说英语。

萍姐的工作是货运公司货代，具体职责我不清楚，但有一点我知道：需要说英语，需要用英语。

每次去英语角前，萍姐必仔细打扮一番，她肤白眼大发如丝，是天然的美女。我认为她随意和慵懒时最好看，但她爱打扮，每天上班前都必须精心描画一番。

我想，这或许是她用来对抗庸常生活的一种方式。

精心打扮过后的萍姐有点儿像商场橱窗里的陶瓷娃娃，我们之间隔着一层厚厚的坡璃窗。我们无话不说的时候，往往是在她卸了妆后的深夜，那时候的她真实，什么都谈。

萍姐英语说得很好，在英语角谈笑风生，巧笑嫣然……那样的她，让人心生欢喜。

每一次英语角结束之时，必有男士找萍姐要电话号码。因为她太光芒四射了，自信、漂亮、高贵。

我忽然恍然大悟：这或许是萍姐找男朋友的方式之一呢。

02

我们相识的那一年，萍姐30岁，未婚，没有男朋友。

其实30+的未嫁女孩，深圳满地都是，但她家里催婚催得凶猛。因为这个到了30岁还未出嫁的女儿，在她的家人看来，仿佛是奇耻大辱。

广东女孩儿普遍结婚早，她们性格温柔，嫁夫随夫，夫说我们今日吃糠就吃糠，夫说我们今日吃鲍鱼就吃鲍鱼，夫说我们要生一打孩子就生一打孩子，夫还说，你在家带娃洗衣做饭，我在外面挣钱兼逢场作戏风流快活，但你要忍。

对待如此不公平的大男子主义，有些人选择隐忍，但总有反抗者。萍姐就是反抗者之一。

她坚决主张婚姻自由，拒绝了父亲安排的相亲，拒绝了父亲眼中的有钱人，拒绝了母亲眼中的好归宿。

她说，她要自己找理想中的夫婿。

萍姐的理想夫婿需要满足以下六点要求：

1.身高1.72以上，不能太矮；2.颜值不能太低，要不然影响后代；3.会做饭，喜欢做饭，热爱做饭；4.爱老婆，爱家庭，以后还需爱孩子；5.能挣钱，年薪30万以上；6.有房有车则是锦上添花。

我当时是不婚主义者，所以看这六条，并无多大感触。

萍姐身高一米七二，再加高跟鞋，在英语角的人群中有种"鹤立鸡群"的感觉。她说英语时，我打量了她周围的男人，光身高就能排除掉一大批，再加上颜值筛选，能剩下的也就那么几位了，至于会不会做饭，有没有钱，能不能挣，这些都得日后相处才知道。

03

然而，尽管递名片的有，要电话号码的有，请吃饭的有，送玫瑰花的也有，但萍姐始终没有开始谈恋爱。

她内心有恐慌，她说："以前的女人困在三寸金莲里，一生就在一条街上来回走。我太奶奶就是这样的女人，我奶奶也是，我妈虽然不裹脚，但自从嫁给我爸后，便再也没有离开过我们那的小镇。我不想过她们那样的生活，所以千里迢迢来到了这座城市。"

我说："那咱们就努力工作呗，让相亲什么的都去见鬼吧！"

但她内心又有不安感，一到周末非得去英语角。

我想，从前我一定要去图书馆读书才能心安，大概是因为那能让我忘了前男友。

而萍姐去英语角，是不是为了让自己寻得心安呢。萍姐英语口语特别棒，去英语角显然不是为了提高英语，大概是让自己保持在寻夫的状态里。

她反抗，不想拘泥于世俗与传统，但她不是徐静蕾，她做不到始终坚定地坚持原则。

选来选去，纠结来纠结去，萍姐的婚姻大事又在蹉跎中耽搁了。她家里人打电话像呼吸一样，几乎每时每刻相随。

嫁女儿大概成了她们家的年度总目标，没日没夜地催嫁。有时候半夜睡得正香，忽然听到手机铃响，居然是老太太更年期半夜睡不着，打电话给女儿催嫁。

萍姐不敢关机："如果晚上不让老太太发泄完，白天老太太就会找我算账。那会影响我的工作，我不能丢工作，工作是我嫁人的筹码之一，是我挑夫婿的底气，也是我对抗父母的经济基础，是我锦绣生活的保障。"

但我能感觉到，萍姐急了，毕竟皱纹悄悄爬上了眼梢。萍姐约会的频率高了。与人第一次约会，萍姐必带上我。

那一年，我当了一年的灯泡。我当灯泡就真的只是灯泡，从不说话，只静静地听他们说。不知道是不是因为我的原因，萍姐的寻夫事业依然未果。

再后来，我坚决不肯去陪她吃饭了。渐渐地，我对英语角、对相亲、对请萍姐吃饭的那些男人的兴趣都越来越低。

我又开始变得焦躁，对未来充满迷茫。迷茫了一段时间后，我辞职了，决定去全中国转悠转悠。

与萍姐分别的时候，我像老妈子一样告诉她：哪个男人可以考虑，哪个男人花样多要提防。

萍姐哭得稀里哗啦，一如我刚失恋时在她怀里哭得稀里哗啦。

我安慰萍姐："你千万别慌，别恨嫁，我一定给你垫底，你慢慢来。"

她笑了说："你比我小整整五岁呢，怎么垫底？"

04

我在外面整整飘荡了一年。

再回深圳时，三角梅正激烈地绽放，大片大片的玫红色簇拥在一栋又一栋房子的周围，道路两侧更是筑起绵延起伏的红色城墙。

沿着这红色道路，我到了荔枝公园。

恰巧又是一个周末，依然是一堆人在那里飚英语，但萍姐已经不在了。

去年年底，萍姐发现自己怀孕了。彼时，萍姐和那个男人相识不过一个月，在英语角见过四次面。

她说，他的身高、颜值、年薪都符合"理想夫婿"的标准，对她又殷勤大方，所以放松了戒备。又没有我在身边提醒，便和男人滚了床单。

但当萍姐告诉男人她怀孕的时候，对方说他已婚，有孩子。很狗血的剧情，居然就这么发生在谨慎、谨慎、再谨慎的萍姐身上。

堕胎之后的萍姐，失去了继续坚守的力量。她不知道怎样的生活才是最正确的。她怀疑人生，迷茫不已。当她父母再掀起猛烈的催婚战时，她妥协了，回到家乡，听从父母的安排，相亲，结婚。

坐在公园里萍姐常坐的那个位置，我头脑中浮现出两个画面：一个是化着精致妆容在英语角谈笑风生的萍姐，一个是迈着三寸金莲在小镇石板路上来来回回走的萍姐。

后来，我接到过萍姐的电话，电话一接通，她在哭，哭得伤心，哭得绝望，我不说话，她也不说话，她越哭越伤心，电话这头的我也跟着泪流满面。

我不知道她哭什么，或许是怀念大城市的生活，或许是不甘心小镇的生活，又或者是她老公对她不好。

再后来，她再也没有打电话给我。而我，也未联系过她。

如果打电话，我要说些什么呢？

05

三年后，我去了一趟珠峰和尼泊尔。回城后我决定收心结婚。再一年，孩子来了。

在柴米油盐的琐碎与孩子的啼哭里，我常倍感疲惫。

一次深夜，在给孩子喂了三次奶、换了两次尿不湿、擦了无数次汗之后，听得鼾声阵阵，看着睡得像猪一样的男人时，我的内心忽然陷入绝望，情绪崩溃，躲进厕所号啕大哭。

那时候，我想起一个人：萍姐。她在那个打电话给我的深夜，心境大概也与当下的我如出一辙吧。

罗曼·罗兰在《米开朗琪罗》中写道："世界上只有一种真正的英雄主义，那就是在认识生活的真相后依然热爱生活。"

我不知道我能不能成为英雄。未来的路还很长，我只能边走边调整。

而远方的你，此刻过得好吗？

岁月长长，愿你我内心从容。

回过头来，安心做自己

01

小半生，这三个字读出来，是一种光阴的味道。

从前我喜欢特立独行，一个人背着包去云南西藏，兜兜转转了大半个中国，又辗转到尼泊尔，四处游荡，忽又掉转方向，走入婚姻，琐琐碎碎，光阴席卷而去，浮生流淌，小半生已经走完了。

忽然了悟：小半生的光阴，都在徘徊、跟随或迎合，戴着无数面具——那仿佛不是我，可那又是我。

雪小禅说："生活真无情。比戏子更无情，把我们雕刻得人鬼不是，有的时候，'不真'反倒成了一种境界。"

于是，我开始写作。写作于我，是一种自我探索，希望于文字中习得自我。

自从开始写作后，"真我"便渐渐变得清晰，内心变得笃定，忽然能"静"了，不再狂躁地四处徒劳奔走，也渐渐有了些趣味相投的朋友，虽然隔着屏幕，不曾相见，却能感受到对方那一颗赤诚、素净的心。

我看着C姐发过来的照片，脑子里浮现的第一感觉就是：静气。

她看起来真的好静，那照片上的她犹如安妮宝贝的那张经典照，那是一种银碗里盛雪的纯，静，真的是好静。

我们很少聊天。那时，她已经写了不少好文章，在期刊上也发表了许多佳作，而我只是个默默无闻的小作者。

我们的交情便在互相推送的交集里变得浓厚起来，渐渐多了些了解。她说："我们是熟悉的陌生人，因为我们能讲知心话，哪怕没见过面。"

她的文字一如她的人，恬淡温暖，再鸡毛琐碎的事，经她道来，也多了一份岁月静好的气息。

像我们这样在都市里奔波的女人，辛苦，焦躁，沟通讲究率效。但她却如一株绿意盎然的葡萄藤，独自静谧攀爬。于她，静静写字就好，不贪婪，不羡慕，不嫉妒。她的这个以为你知的性格，在无意中就得罪了一些人。

有人怨她没有点赞，有人怨她没有提携，有人拉黑她。然而，她却无所谓，笑笑不以为意。

她说："你看，你就懂我。"

是的，我懂，我想大概是因为我们属于同一植物心性的人吧。

是呀，无论你是哪种人，总有人留恋，总有人讨厌，然而，一切都会过去，一切终将过去。

做自己，才能成为一道独特的风景。

02

艾米出生时脸上就有块巨大的胎记，为此，她受尽了嘲笑，大家都叫她斑点脸，这让艾米变得非常自卑。

11岁的艾米学会了化妆，她用化妆遮去脸上的胎记，用忙碌掩盖内心的自卑，用勤奋去追逐满足。后来，艾米成了很有名气的美妆博主，成了拥有许多粉丝的网红。

然而，艾米心里的自卑感一直存在。她内心总是不安，不化妆的她绝对不敢出门。谈了恋爱之后，她更是过得忐忑，生怕男朋友发现自己的真面目。

是的，她一直戴着面具生活，戴着面具谈恋爱。她不敢面对自己的"缺陷"，时常会因为这些"小缺陷"而感到痛苦和自卑。

小半生就这样过去了，艾米看似功成名就光彩照人。然而，每当深夜独处时，只有她自己才知道自己的落寞。终于，艾米选择直面"痛楚",选择做真实的自己,她当着男朋友的面,擦去脸上一层又一层的粉,露出了巨大的胎记。

让她感到幸福无比的是,男朋友没有她预想中的被吓跑,也没有和她分手。她男友说:"无论你变成什么样,对我来说都没有区别。"

和男友在一起后,艾米开始找回内在的自信,她说:"一枚小小的胎记,不应该把我的人生彻底定义。即使不是美人,我们也需要接受自己,认可自己,做真实的自己,让这个世界也真诚地爱我们。"

做真实的自己,才能问心无愧地绽放在朝阳下。

03

我是今年四月份认识的猫老师,我常叫他猫哥。

我在"猫"群里是属于说话比较少的人,相比群里其他比较活跃的朋友,少语的我是那么不起眼。

那段时间,我都是一个人在暗自努力,但总是会不时地收到猫哥的鼓励。他甚至在他的微信里,推了我一把。我的微信公众号最初的粉丝,就是来自于他的推荐。

我和他素未谋面,他犹如某作家描述的那一棵撑天雨树,叶冠虽巨大且密，却日开夜合，照顾着树底的小草。

和猫哥打过交道的人，无论名气大小，都会被他的品德和气度感动。即使再微小的个体，他也会去回应、肯定和鼓励。我想，这也是他的微课达到六万人次之多的主要原因吧！

他的微信公众号已经有近百万的粉丝，但他仍坚持回复每一条留言，让再微小的声音也能及时得到回应。那什么，"能量不够，聊不到比你牛的牛人"的道理，在这儿都不存在。

张岱说："人无癖，不可与交，以其无深情也；人无疵，不可与交，以其无真气也。"但真气之人甚少。

有人问抗震小英雄林浩，问他在姚明身边当旗手威风不威风，孩子真挚地回答："没觉得威风，就觉得姚明比我高好多。"

有的人就像这个小孩，真，真得让人喜欢，那是一种未经洗涤的少年的真。

人到中年，是时候修炼修炼这一颗心了，该让它露出本该有的生命赤色，再也不想去聚众扎堆人云亦云，再也不想去讨好迎合浪费光阴。

三毛说："我不吃油腻的东西，我不过饱，这使我的身体清洁。我不做不可及的梦，这使我的睡眠安恬。我不穿高跟鞋折磨我的脚，这使我的步子更加悠闲安稳。我不跟潮流走，这使我的衣服永远长新……这也是我喜欢的生活方式，多年未穿的高跟鞋怕是再也穿不习惯了。"

当然，是喜欢清淡似水，还是热闹繁华，都在于自己的内心，因为，只有自己最懂得自己，要什么，不要什么。不是所有的鸟儿都会生活在同一片森林里，做自己才最惬意。

每一个人都有属于自己的一片森林，迷失的人迷失了，相逢的人会再相逢。

是的，人生如此之长，我们总是在不停地相逢，而最舒适的相逢和邂逅，大抵是遇到和自己灵魂最接近的人和物，说到底，最美的邂逅，是遇见自己。

留住所有时间
变美好

第六章

做一个温柔而凶狠的姑娘

01

毕业五年，才发现小时候一起玩泥巴的姑娘，早已身价百万。

九八年发洪水，李木子家由于地势低，被水淹了一大半。洪水退去大半之后，一群小伙伴跑到李木子家抓鱼虾，玩得特别开心。我当时是有名的淘气包，没心没肺的那种，最爱玩，最爱闹，却和文静的李木子最要好。

我记得我抓了一小桶鱼，兴高采烈地拿去给李木子看："木子，木子，你看，我抓了好多鱼，发洪水真好玩，再来一次就好了。"

这一句话，让李木子哭了很久，也让她冷落了我很久。

这一幕再提起已经是八年后，那时候我们都已经在读大学。

李木子家早就盖起了小洋房，而且是全村地势最高的、阔气又实用的小洋楼。

李木子专门请有名气的设计师设计，落地窗、花园、螺旋梯、停车场等无一不有。房子建成时，全镇轰动，参观的人络绎不绝。

彼时，李木子虽未在大城市买房，但她在奋斗的城市已经拥有了一家宠物医院和宠物店，也算是身家百万的女强人。

而我们这些儿时的玩伴，还懵懵懂懂地沉浸在恋爱与分手的忧愁里，或者是处在要不要辞职，要不要换工作，要不要回家乡发展，要不要相亲结婚的纠结里。

为何，作为同龄人的李木子却依靠自己实现了财富的积累，过上了想要的生活呢？

她说："你不知道，那时候你玩得开心，我却处于悲伤里。我家穷，盖不起新房子，只能在低洼的泥屋里过活。洪水暴发时，我妈妈绝望地哭了好几次，只求洪水赶快退去，不要将我家夷为平地，要不然我们就无家可归了。虽然你当时说那话是无心的，可却让我忧愁不已。"

那一年，李木子十一岁。

原来早在那一年，李木子内心就播种了赚钱养家的种子。虽然是同龄人，但显然她比我们更早懂事，更早为父母分担起了家庭责任。

02

我们不知道，那个和我们一样大的姑娘，内心正酝酿着一个大计划。

我们放学回家在疯玩的时候，她在读书；暑假，我们想着怎么玩儿的时候，她还在读书；高中，我们只知道拼命读书的时候，她已经在思索她将来的事业方向。

所以，当填志愿时，我们胡乱填一气，而她却有着明确的目标。

我还记得自己当时对她的取笑："动物医学？那不是兽医吗？你平日胆子最小，为何选这个专业？你想想咱们村的那个老兽医，你居然想成为他那样的人？"

她在众人的嘲笑与不解之中，去中国农业大学读了动物医学专业。

后来，她说："那些年，学习之余，我也让我远在城市里的姑父给我买了很多书和杂志。平日里，我就对自己的未来做了些设想，根据分数层次，设想了填报志愿的几个方案。"

当时，我考得不是很好，但我又不愿意复读，因为从时间成本上来说，我家已经负担不起了。所以我选了C方案。虽然被大家嘲笑，但我看好这个专业的未来。

03

听到李木子被包养的消息，我压根儿就不信。

那么自尊、自律、自强的姑娘，怎么可能允许自己被包养。

但小伙伴说得有板有眼，说亲眼见一老男人搂着李木子有说有笑。

末了，她又说道："李木子你还不熟悉么？她就像一株含羞草，人一碰就脸红，羞羞答答的，能做什么大事。但她人长得漂亮，又温柔，男人最爱这种林黛玉似的姑娘，被人包养也就不奇怪啰。"

"要不然她怎可能有那么多钱给家里盖房子？一个女孩，怎么可能依靠自己的力量挣那么多钱，打死我也不信。"

我大声说："我相信，我相信她能挣这么多钱。"

我是真的相信木子，并且相信，未来她会更有钱，也会更优雅和自信。

因为我知道，这个看似柔弱的姑娘，却有端举群山的力量。

大三那年的暑假，我去北京玩，住在木子学校的宿舍里。

整个暑假，她没有一天休息，她在一家宠物医院做实习生的同时，还兼做一份家教工作。所以，那段时间我只能自己在北京城转悠。

每天，她早早起床锻炼身体，然后叫我起床。

她上班，我玩耍。

下班后她继续在宿舍看书学习，我累得倒头就睡。

我问她："你就不觉得累吗？"

她说："矫情，你想咱爸咱妈每天田里地头，起早贪黑，他们累吗？我这又没有风吹日晒，累什么？"

再后来，她又找了份早上帮人遛狗的工作。她说："既能锻炼身体，又能挣钱，何乐而不为？"

我说："这世道真是不公平，有的人饭都吃不饱，而这些人却养这么多条狗，还请专人伺候。"

她沉默一会儿说道："这就是贫富差距，你想我们父母之间不也有吗？你父母能挣钱，所以填了地基，盖了新房，九八年洪水时，你家不仅毫发未损，你还能玩得那么开心。而我父母一辈子窝在家乡，挣不了几个钱，洪水来了，只能在家哭。"

我沉默不语，忽然意识到我身边这位姑娘，我的发小，她已不再是那个瘦瘦小小，扎着两个羊角辫的小姑娘，她思想上正发生着翻天覆地的变化。

心理学上有个注意力法则是这样的：你的注意力在哪里，你想要的生活就在哪里。

别人给的糖衣里总少不了炮弹，蜜饯里会藏着砒霜，口红虽好，过分追逐，荒废的是自我技能的修炼与提升。

足够努力的木子，没有在"口红及护肤品"之类的小确幸上花时间，而是将所有注意力倾注在提升自我和努力赚钱上，这么竭尽全力的她不能改变现状和创造财富，谁又可以？

04

这世间有许多姑娘，不管是率真可爱、世故妖媚，还是炽烈泼辣，唯有知道自己想要什么的姑娘，才能活得更透彻。

她们不依附别人而活，懂得依靠自己、探索自我和放飞自我。我相信，最终她们将既能柔情似水，媚倒众生，又能有强大的气场，派头十足。

岁月其实很公平，几乎所有人的人生里都会遇见险情、不公、委屈、挫折，甚至是颠覆。但各人反应不一——有人表现得像个充电宝，总能再次充满能量；有人却表现得像海绵，被负能量浸润重如秤砣而沉入大海。

面对失势、失业、失恋、失婚等险情，亦舒说："有人要我痛哭流泪，惊慌失措，阵脚大乱，我们应该怎么办？人家等着我们出丑、哗叫、乱窜，我们又应该怎么办？生命根本是一场漫长的奋斗。"

在这一场成人世界的奋斗与较量里，眼泪不再有分量，阵脚大乱也只会让人看笑话。我们能做的就是，沉下来，宠辱不惊。大风越吹，我越骄傲。然后做一颗倔强的子弹，坚定地冲破秋冬春夏。

生活的刁难，能挡回去的挡回去，挡不回去的就坦然接受，咱迂回前进，曲线救梦想，当汗水与行动给日子镶了金边，回过头看——那正是光辉岁月。

真正的美人，有勇气去过想要的生活

01

香芭的表白很惊艳，表白的对象也很惊艳。

她表白的对象是一个虔诚的佛教徒，以后也打算剃度。她当然知道他们之间横亘着什么。但，她还是豁出去了。

表白前，香芭已经憋闷了些时日，时光早已将她内心的激情逼到了沸点，可对方低温，给她泼了冷水，却又藕断丝连。

但可喜的是，这一场旷日持久的"拉锯战"，幸得两人的不懈努力，修成正果。

我是在这一场表白里认识香芭的。

香芭绝对算不上传统意义上的美女，她皮肤黝黑，脸颊上常年有两朵高原红，小眼睛，小嘴巴。但我围观了她近十年，起初是

QQ空间，后来是微信朋友圈，从青春少女，到恋爱结婚，再到初为人母，我越来越认定，她骨子里就是一个美人胚子。

香芭没有光鲜的皮相，从豆蔻年华到三十而立，她的人生是极度动荡的，走过山川湖海，历经人生百态，却不妨碍她修得一颗安宁而淡定的内心。

陈道明为江小爬的新书写序：《皮相的光鲜不过数年，优雅和安宁才是终极人生》。

说到美人的优雅，我脑海里有三张画面，一张是赫本在非洲怀抱骨瘦如柴的非洲儿童；一张是江小爬在支教中与孩子们的摄影；另一张就是香芭与藏族小孩在一起。

有人说："上帝亲吻了一个小女孩的脸蛋，于是奥黛丽赫本诞生了。"

奥黛丽赫本有着近乎完美的脸庞和高雅卓越的纯洁气质。她是美丽的化身，她曾说："若要优美的嘴唇，要讲亲切的话；若要可爱的眼睛，要看到别人的好处；若要苗条的身材，把你的食物分给饥饿的人；若要美丽的头发，让小孩子一天抚摸一次你的头发。"

这个时代，像江小爬、香芭这样用生命去落实奥黛丽赫本这句话的人，就犹如时代清流，尤为可贵。

我喜欢江小爬，但我更喜欢香芭。

江小爬有江小爬的优雅，但香芭似乎更具烟火气，活得更加热气腾腾。

如果说江小爬有点儿像不食人间烟火的仙子，那么香芭则有一种于烟火里奔走四方的既视感。

有人说，生活的最佳状态是冷冷清清的风风火火。

深以为然。

香芭有着近乎藏人的容貌与打扮，但她并不是藏人，而是秦人。她常年留藏支教，将自己最美丽的青春年华，都奉献给了那片纯净的土地。

香芭的人生波澜壮阔——作为恋人的香芭，抵抗着世俗异样的眼光，冲破枷锁；作为母亲的香芭，她带着孩子行走江湖，给了孩子一个丰盛的童年；作为摄影师的香芭，用相机呈现着多元的藏地，她善于抓拍流露人性心底的微表情，她的摄影作品总能于细微处打动人心，美丽且充满情感与张力。

与香芭那深入人心的摄影作品相呼应，她的文采更是潇洒而充满灵气。此外，她还擅长骑马、攀岩、跳舞和拉胡琴。俨然是一个"十八般武艺样样精通"的女侠客。

这个身材娇小、皮肤黝黑、脸上布满雀斑的女人，把自己的人生过成了一首洒脱率性，行云流水般的史诗。

02

有人说，真正的美人，有着闻过书香的鼻，吟过唐诗的嘴，看过字画的眼。

以前认为梦露的美只在皮囊，是男人眼里的尤物和玩物。这样的美，转瞬即逝，绝对不会跨越时空。后来，知道梦露爱读书，并传闻她有一个巨大的图书馆，内藏有萧伯纳、田纳西·威廉斯、海明威、劳伦斯等名家作品时，便认为她那金发、红唇、美人痣的经典形象是大美的标志。

那份性感与美丽，添了女神光环，使漂亮文艺女青年的光辉熠熠闪耀在时空上。

有位作家说："一想到梦露也读书，就心中欢乐，浮华尘世里，你永远有同道，智慧的风吹过田野，吹过梦露，也吹过你。能做个平凡的阅读者，其实已是一种幸福。"

历经时空流转、世事变迁仍被后人铭记颂扬的，不是美貌，而是智慧。

梦露深知此理，所以通过阅读探索、提升自我："我知道自己有多么三流，可以感到自己天赋的匮乏，就像是穿着廉价粗俗的内衣。但是，上帝，我有多么渴望去学习，去改变，去进步。"

若有诗书藏在心，岁月从不败美人。

让梦露的美丽亘古不变绽放在时空下的，不是香奈儿，而是读书。

03

真正的美人，懂得养心比养颜更重要。

大玲是我今年才认识的姑娘。我们同在辛媚的"亦舒读书群"，她常在群里分享她做的手工，小而美的布艺作品，折射出来的却是她那热爱生活的心。

后来，又看到她写的字，秀丽隽永、清风朗月如画一般，让人赏心悦目，便果断加为好友了。

我有以貌取人的习惯，料想活得这么诗情画意的姑娘，一定似林徽因或林黛玉那般美丽可人。

但认识之后，我发现大玲一点儿也不美，是一个很普通的姑娘，普通到看过即忘。而且，第一次看照片时，甚至觉得有点儿丑。

但姑娘爱看书，日常生活就是读书、写字、做手工。她的输出成果，文章、字画、娃娃，实在是太美，就如别具匠心镶嵌出的粒粒珍珠。

看完作品再看人，竟觉得大玲姑娘越来越美，竟然看出一幅山水美人图来。

认识越深，越心疼且喜欢这位玫瑰色的女子。

大玲的经历有点儿曲折。十几岁时因为抑郁症辍学，二十岁不到被迫抬脚进入社会，后结婚生子，因夫家重男轻女引发矛盾，抑郁症再次发作，被离婚。

之后，大玲一个人背井离乡，再次接受抑郁症治疗。

大玲说："一是本身热爱，二是为了配合治疗，我开始大量读书，什么书都读，等治好抑郁症后，发现自己已经离不开书了。读书给我力量，它养着我的心，带给我快乐。"

的确如此，读书或许没有立马带给我们实用效益，但却在无孔不入地润饰着我们的人生，改变着我们的心智和气质。

如今的大玲有一个幸福的家，又有了自己的孩子。她若是不说，我们从她脸上根本看不出风霜，看不出岁月曾经对她的刁难。

她活得淡然、随性、优雅，举手投足间，有着一份进退随心的泰然和笃定。

想来，她这份如兰的气质，得益于书香在岁月里的沉淀。

04

容颜易老，美貌终究会逝去。

而能支撑一个人抵抗岁月刁难的，是内在的从容和自食其力的智慧及才情。

波特曼说："当人们把你称为美女，你在他们心中就只剩下了美貌，你的人格魅力和智力都变得不那么重要。"

所以，有人夸你美时，先别沾沾自喜，想一想，我们内心的才华与底气，是否真够得上这个称谓。

如果智慧才情都有，二商又特别高，也得警惕内心那一波又一波的欲望。你是否在一味迎合它们？若是，当心脸上的市侩之气随时呼啸而来。

日本女作家森茉莉在《奢侈贫穷》一书中写道："真正的美人，不憎恨他人，不做坏心眼的事，相由心生，欲望会让人变得面目可憎。"

尼采也说："凝视深渊过久，深渊将回以凝视。"

常关注丑陋的事物，戾气、嘲讽，会在脸上形成"挂相"，而如果我们将注意力倾注在美好的事物上，比如像杨丽萍那样，关注一棵树怎么生长，河水怎么流淌，白云怎么飘荡，甘露怎么凝结，我们渐渐也会拥有杨丽萍身上的那种闲云野鹤式的灵动气质。

姑娘，千万不能让男人养你

01

朋友A一向以高冷闻名圈内，脸冰，语少，嘴利，妥妥的女魔头画像。

但就是这么个不轻易亮出自己情绪底牌的人，最近却特别反常，半夜三更发微信扰民不说，还变身花痴女嚷嚷着要嫁人。

大家伙一直以为朋友A之所以剩下，是因为她格局太高，眼光宽如汪洋大海。但万万没想到的是，一句"我养你啊"就让她缴械投降，还天天说些疯话，智商直降。

大家纷纷嘲笑她说："你又不是初出茅庐的小姑娘了，不会不知道'我养你啊'只是男人的套路吧？"

朋友A笑了，说："这人倒是有养我的本事。只不过，我又不是金丝雀，哪里会甘心让别人真的去圈养我，但我爱的就是他这肯给我花钱的态度，我并不要他真的养我，也不需要他给我钱花。钱、房、车都是可以通过自我奋斗实现的，但这份'我养你'的心，却是纯爷们才有的。"

我知道朋友 A 指什么，她大学的时候谈过一段恋爱，毕业后俩人一起到沿海城市打拼。

朋友 A 的家境比较困难，家庭困境逼着她从小就养成了力争上游的性格，也养成了凡事靠自己的习惯。她和男友虽然住一起，但是房租和生活费却是 AA 制的。

日子本也是风平浪静，但朋友 A 的父亲突然生病了——尿毒症。

这个病是个烧钱的病，朋友 A 的母亲只是个寻常的劳动妇女，而且弟弟妹妹还在读书，给父亲治病的重任就落在了她的肩上。

她想找男友商量，但她的性格让她开不了口。于是，某天吃饭时，她开了个玩笑说："如果我哪天失业了，你会不会养我啊？"哪知男友听后很严肃地说："晨晨，我不想撒谎，就我现在这个阶段，我可能真的没有办法养得起你，短短几个月还差不多……"朋友 A 顿时懵了，眼泪夺眶而出。她男朋友连忙说道："但是，但是我以后有钱了，我一定养着你。现阶段，我要说养你，肯定是骗你的，我真的养不起你啊。"

朋友 A 心里五味陈杂，她本就没有指望过男友养她，她那么要强的一个人，怎么可能会仰仗别人而活。但是，现在，在她最脆弱最需要帮助的时候，男友的这个回答让她感觉好无助，她只能独自面对那些困难。

没过多久，朋友A就搬离了与男友合租的房子住到了公司宿舍，俩人没明确说分手，但却成了最熟悉的陌生人。而对于那句"我养不起你啊"，女友说她一辈子也忘不了。

或许，大多数女人都会被"我养你"这三个字打动，这是基因使然，与原生家庭成长环境息息相关。所以即使强大如朋友A，也会被这三字撩拨心绪。

02

和堂妹杏儿逛街时，发现她总是痴痴地傻笑，吃饭、走路、逛街，眼和心总惦记着手机。

我估摸着这丫头正恋爱呢，想起半年前她因为失恋号啕大哭不吃不喝好些天，便忍不住唠叨："这次可得看清了呢，一定要辨别他是痴牛郎还是陈世美呀。"

杏儿乐开了花，说道："姐，他说要养我一辈子呢。"

我一听，心里咯噔一下，大呼不好，忙问道："你们认识多久了？"

杏儿一边翻出男孩的照片，一边跟我说："姐，我们认识不到一个月，但我们是一见钟情，他对我好着呢。"

我正想唠叨几句，杏儿却开启了话痨模式，一个劲儿地夸男朋友如何帅，如何体贴，对她如何好，还说每天晚上对着手机给她唱歌。

好吧，我这个"八五后中年妇女"识趣地闭嘴了，但却下意识地看了看手表，记住了那一日的日期。

果然，不到一个月，堂妹又来找我逛街。哪里是逛街，分明是她想散心，她频频看手机，同时显得失魂落魄。

"怎么着？分手啦？"

"姐，你说他怎么这样？他当初说要养我一辈子的，怎么这么快就翻脸不认人啊。"

我拍拍她的肩膀说："还好还好，倘若你们真正走入婚姻，你会发现所谓'我养你'还不如'你吃饭了吗'含金量高呢！"

03

我见她仍不甘心，就给她讲了一女友的故事。

女友的老公追她时，说的最多的就是"我养你"。女友被这句话感动得稀里哗啦，于是，大脑被丢到了太平洋，斗志丢给了偶像剧，一毕业她就嫁给了她心目中的王子。

在女友看来，"我养你"这句话是诺言；而在男人看来，这只不过是夹带了荷尔蒙的情话而已。

然而，婚后不久，局面却突然反转了，她老公嫌弃她乱花钱，说她总在买衣服和鞋子，认为女人做指甲是浪费金钱的愚蠢行为，让她节衣缩食。

女友哭得花枝乱颤："你看你说话的态度，我才用你几个钱，你就对我嚷嚷，你当初不是说要养我一辈子的吗？"

男人说："说这句话的时候，我是真心的，我真的想养你一辈子，想让你衣食无忧一辈子，但我没想到你如此花钱啊。"

当初说要养她一辈子的人突然宣布她是个累赘、突然对她百般嫌弃，万般挑剔，这让女友恨得咬牙切齿，却又悔不当初。

想一想，当年那么多人追本公主，我却独独信了你这句"我养你"。如今你怎敢负了小主我，怎么敢？

女友当时情绪崩溃，心里五味陈杂，没过多久就和男人办理了离婚手续。而那句"我养不起你啊"，女友说她一辈子也忘不了。

04

事实上，在女友通过自我奋斗逆袭成办公室女魔头后，又有人拿"我养你"向她表白。

女友事后调笑道："说来奇怪，以前听到那三字开心不已。如今听到却会想，我又不是金丝雀，你凭什么想要圈养我？"

或许，姑娘们天然会被"我养你"这三个字打动，这是基因使然，与原生家庭、成长环境息息相关。"我养你啊"，这句情话，就如"窈窕淑女君子好逑"一样，说者动情，听者动心。

这样的话小公主爱听、傻白甜爱听，内心缺失安全感的大女人也爱听。想来再怎么强大的女孩儿，内心也有安全感缺乏的时候。而一个男人说"我养你"，打动女人的，除了爱情，还有深层次的安全感。

老司机们深知女人是感性动物，注重感觉，而"我养你"表达的就是种感觉而不是物质。

然而，也有不少天真的姑娘当真，她们放下自我，心甘情愿将自己打包成附属品，当遭人嫌弃时，除了大声喊冤，也要想想自己为何会处于这种境地？

05

看看巴尔扎克是怎么劝告男人的：要把女人当作奴隶对待，同时又要让她相信自己是王后，因为这是统治女人的最佳方式。而"我养你啊"比巴尔扎克的这个手腕更高明。

我们来拆解下"我养你"的套路：

1.为了"我养你",我要奋斗:为了让你过上更好的物质生活,我必须外出打拼、奋斗,这样才能提高经济上层建筑。

2.为了让我心无旁骛地奋斗,你得帮我打理我的家:你是妻子、保姆、育儿师,你要帮我打扫,帮我做饭,帮我洗衣服,帮我生孩子……你在后方坐镇,我在前方打拼。

明明是让你收拾一地鸡毛,让他在前方风光冲锋。可偏偏得了便宜还卖乖,还要说句好听的话"我养你啊"。

可惜,这套路,却不是每一个女人都能看透的。直到"公主"们容颜不复又一无所长,直到男票身价走高,嫌弃米虫颜值时,她才稍微有所了悟。彼时,已经低到尘埃,要从深渊里拔出,非意志强大之人难以做到。

06

即使知道"我养你"是套路,可为什么还是有人中招?

这或许可以用所谓的托付心态和公主心态来解释。西蒙·波伏娃曾指出,处在教育中的男女两性的不同:

男人的极大幸运在于,他不论是在成年还是在小时候,他们都被要求必须踏上一条极为艰苦的道路;而女人的不幸则在于,被几乎不可抗拒的诱惑包围着。她不被要求奋发向上,只被鼓励滑下去到达享受的巅峰，当她发觉自己被海市蜃楼愚弄时，已经为时太晚，她的力量在失败的冒险中早已被耗尽。

深植于中国人心中的婚恋文化和性别文化也是如此，女孩们将来就是要托付给某位男性的，由某位男性免她苦，免她累，供她吃，供她穿，最好能变着花样来爱她、宠溺她。

父母们的这种心态，使他们培养出了一个又一个"小公主"。这些小公主长大后是精神上未断奶的女巨婴，等着婚后被自己或父母托付给"爱人"。而敢于说"我养你"的爱人无疑是加分的。

公主们满脑子都是王子吻醒睡美人的故事，她们从小就憧憬着美好的爱情，这似乎也是人生的全部意义。

当有男性主动献殷勤，抛出"我养你啊"绣球的时候，公主们便以为"王子"出现了，即使那只是一只"青蛙"，她们也深信他们是"青蛙王子"。

此时的姑娘虽然已经成年，但心灵仍存有许多"BUG"，感情模式停留在母婴阶段。爱的客体始终是父母，爱人也只不过是从父母那接过"爱的接力棒"而已。被伤害以后，往往怨声载道："你不能养我一辈子，你就别跟我说，你养我啊。"

可是，姑娘们请别忘了，所谓"我养你"，往往只能当锦上添花，而不是雪中送炭。所以，在此之前，我们还是修炼"养自己"的技能和强大的内心吧。

你若安好，便是晴天

别总是等，别总是盼，似水年华，倏忽而过，有时候时光并不在我们的掌控范围内。

文竹的打扮总是十分清爽，白衬衣，牛仔裤，平底鞋，用清水洗脸，用清水喷脸，然后就出门了。那些繁复的化妆步骤在她这儿都省了，一是她没有那么多时间，二是刚生完孩子复出职场还未来得及买。

挤上地铁，在角落找了个可以立足的位置，打开手机开始写今天的工作计划，又是满满的一天。

文竹想，今天一定得留出时间，给宝宝买衣服，给妈妈买补品，给爷爷买药。这件事，今天一定得办了。她再次在手机上添加备注和提醒。

在公司一直不停地忙到晚上八点，匆匆赶到母婴店买了衣服，又赶到商场买了补品，然后找了港货店给爷爷买药。

拎着大包小包挤上最后一班地铁。人还是那么多，似乎大家都是一起赶着上班，然后又一起赶着下班。

下了地铁，文竹拎着袋子疾步如飞，想着回到家再干点儿私活，挣点儿小钱。但还没有到家，手机就响了。是家里的电话，孩子生病了，医生说要住院。

文竹整个人忽然就颓废了，十几米的路程，像走了十几年。头上的月亮不知什么时候也飘进了云层里，世界忽然黑暗了起来。她的眼泪滴落在黑暗里。

第二天，文竹便买票回了家。

文竹原本只想请假一周，后来又打电话续了一周，再后来，老板干脆给了她整整一个月的假。因为她的工作能力实在太出色了，之前也为公司立下过汗马功劳，老板打心眼里欣赏她。

孩子肺炎整整磨了文竹一个月才渐渐好转。她也收拾好心情准备回公司上班。但她乘坐的高铁还在路上的时候，却接到了妈妈的电话，说爷爷病发，可能熬不过去了。

文竹提前下了车，往家赶。此时公司的电话也一个接一个地来，因为按照约定，今天应该是文竹上班的第三天了。可是，她总是一拖再拖，已经到了再拖下去，许多项目就要黄了的地步。

文竹焦头烂额，又心力交瘁。在火车站台上，文竹给老板打了电话，说要辞职。

挂完电话，文竹来不及细想就跳上了回程的火车，一路上眼前浮现的都是爷爷的身影。

从小，文竹就是个留守儿童。爸爸妈妈、叔叔婶婶们在外打工，她和堂兄妹们跟着爷爷奶奶在农村生活。

后来，大人们的努力有了成绩，他们在城市里安了家，买了车，便将孩子们都接到了身边。

文竹现在还记得她第一次离开爷爷的场景，哭着喊着不肯走，搂着爷爷不放手。然而，她最终还是走了，去了爸爸妈妈所在的城市，在那里读初中读高中。

孩子们一个又一个地离开了老家。祖屋里就只剩下爷爷和奶奶两位老人。

爷爷说："一窝鸟儿一窝亲，鸟妈妈一招手，身边留守的鸟儿就一只接一只地飞走了。"这些鸟儿有的跟爷爷一起生活了七八年，有的则是十几年。

老人落寞，爸爸妈妈、叔叔婶婶们便动员老人来城市生活，文竹这些小儿兵也在电话里助阵。但爷爷总是不愿意来，来了也住不了几天，就会像小孩一样喊着要回家。

文竹记得有一年，爸爸特意接爷爷来城市过年。可是临近年关，老人却忽然闹着要回家，甚至开始抹泪。一家人只好在除夕的前一晚，开车回到了家乡，过了个热闹的团圆年。

年一过，上班的上班，求学的求学，又只剩下了两个落寞的老人。爷爷却笑呵呵地说："只要在老家，开门能看见山，我心里就踏实，你们年轻人该起飞的起飞，该翱翔的就翱翔去，不用管我们老头子老太婆。"

后来，大人和孩子们各自翱翔去了，只剩下两位老人守护着那一山一屋一狗。

文竹奶奶过世后，文竹的父母因为不放心老人一个人在乡下，孤苦伶仃没人照顾，几乎是绑了爷爷来城市。但每次回家，文竹都能感觉到爷爷脸上的落寞，他一点儿都不快乐。

也许，他最快乐的时候是儿孙绕膝吵吵闹闹的那段岁月。可是，再也回不到过去了。因为不仅儿子媳妇们忙，就连孙子孙女们有了工作后也整日忙、忙、忙。

文竹见到了在医院的爷爷，他虽然说不出话，但意识是清醒的。文竹拉着爷爷的手，偷偷抹泪，爷爷摇头示意她不要哭。

爷爷要求放弃治疗，希望自己能葬在家乡的大山里。文竹的父母叔婶考虑后，决定带爷爷回家乡。在爷爷回到老屋的第二天，他就安详地走了。

整理爷爷的遗物时，大家发现了一个泛黄的笔记本，翻开一看，一页一页贴满了大头贴。那些大头贴有的是从老照片上剪下的，还泛着黄，有的是孙子孙女们随地乱扔的大头贴。

文竹发现，人生百态、儿孙、岁月都被爷爷细心地收藏在了这本子里——有奶奶嫁给他时的黑白大头照，有姑姑和姑父拍拖时候的照片、有叔叔剪飞机头的照片，还有文竹爸买了人生第一辆凤凰牌自行车的照片，有文竹大学时候第一次染头发后所拍的大头贴，甚至还有堂弟那曾经的女朋友的大头贴……

文竹想，爷爷从没要求过我们回家乡看他，也从没向我们要过照片，可他却用心搜集着儿孙们的一点一滴。

她细细地数了下，足足有166张大头照，几代人，跨越近百年的记忆，都在这厚厚的笔记本里收藏着。

她鼻子一酸，居然像小时候一样号啕大哭起来。自从离开爷爷后，她再也没有像小孩那样大哭过，此刻却觉得要哭过才痛快，哭自己过往没有多多回家陪爷爷，没有更多地了解爷爷的心思，没有解老人之忧。

文竹这一哭，兄弟姐妹、叔叔婶婶们都备受触动，默默抹泪。

安葬了爷爷，回到父母的小家，母亲问她："你还走吗？"

她摇摇头，坚定地说："不走了，心安不下来，惦记孩子，也惦记总是生病的您。"

生命是一幅巍峨起伏的群山图，能高耸入云，也能低至洼谷，起起伏伏本是常态，而最幸福的莫过于，无论是高峰还是低谷，有你爱的人和爱你的人在身边。

这个世界太浮躁，我们总是忙着东奔西走，忙着南来北往。

有人说，要随时、随性、随缘，随遇而安。我说，要随爱，随情，随缘，随家而安。失去锦绣前程，爱神会送上金玉良缘。错失富可敌国，神明会送上熊熊生命之光。命运，有时候，转个弯，依然让你收获美满。

不要为了忙碌而忙碌，有时候停步、驻足，是为了让生命更好地了悟和沉淀，为了更好地腾飞。

你永远不知道，有些人活得多不容易

01

十年前，张师傅来到深圳，一直以修、卖二手自行车为生……然而，共享单车进入市场后，凭借价格便宜、停放方便、支付便利等优点，迅速收割了大批用户。再也没有人买他的二手自行车，也不再有人来修车。

这是深圳某电视台的一档节目所讲述的情节。看到这样的报道，我首先想起的是楼下那家卖二手自行车、电动摩托车的店主，王师傅。

王师傅差不多五十三岁左右，他老伴做着一份钟点工，两口子大部分时间都是一起守着这二手车店铺。

那天，我带孩子去楼下玩，仔细观察了店里的情况：还是有来修车的人，但是半天也没卖出去一辆。我看王师傅也挺焦心的。

一个巡逻的年轻小伙却极没有眼力见儿地调侃道："你这个倔老头啊，早就劝你转行，你不听。天天围绕着这些破自行车转，这能挣几个钱嘛。你看，现在满大街都是共享单车，你这离关门不远啰。"

我担心王师傅会发火，但没想到的是，他说："你看还是有修车的客源嘛。和我岁数差不多的人，哪怕要他花五毛钱，他肯定还是选择骑自己的单车。"

我赶紧帮腔："是，的确是这样，我爸妈就是这样的人，他们也说：'自己有自行车，为什么不用？'"

那小伙子不屑道："卖二手自行车都挣不了几个钱，修车能挣几个破钱啊。早就跟你说过转行要趁早。你看对面卖早餐的店铺也比你好啊……"

巡逻小伙继续在那长篇大论。总有些人，不知道哪里来的优越感，站着说话不腰痛。

所幸的是王师傅自己却无所谓地说："管他呢，天要下雨，娘要嫁人，由他去吧……宝宝，你说是不是？"

王师傅爽朗的笑声逗得我家朵儿哈哈大笑。因为经常带着朵儿在这玩，又是老乡，我对王师傅有一定的了解。

王师傅之前是篾匠。对，很多人都没有听过这个职业，因为它被淘汰掉了。随着科技文明的发展，那些农耕时代的竹筐，箩筐等早就被淘汰掉了。所以，王师傅从十几岁就开始勤学苦练的手艺，不到三十岁就没有用武之地了。

但他相信天无绝人之路，便和妻子南下打工。俩人都是底层农民，不懂技术，只能做流水线工人。两口子节衣缩食，加班加点，挣钱供儿女们读书，等儿女们毕业后又开了这家店。王师傅从来都不是个闲得住的人，没事还走街串巷，找同行聊天啥的。我想，他一定有自己的办法渡过这个难关。

果然如此，待那巡逻小伙走远后，王师傅说："这共享单车对我冲击不小啊，不过幸亏这些年我也没闲着，没事就收一些破冰箱空调之类的电器，拆一拆、自己研究，不懂的就死皮赖脸地去问别人，现在虽说技术还不熟练，但也有个八九成吧。

等日子实在过不下去了，就试试往旧货回收的路上走吧。再不济，我和老婆子也开个早餐店去。反正办法一定是有的。"

其实，此刻王师傅的心境能好到哪里去？难道他不知道自己的现状？凭什么随便跑来一人对着他指指点点？有些人一辈子都在艰难里挣扎，他能做的不过是尽自己最大能力去改变现状罢了。

02

我曾经过几重面试，获得过一份广告文案策划工作。嗯，对于刚毕业不久的我来说，我当时倍加珍惜那过五关斩六将得来的工作。所以，干起活来，也比别人努力。

不久，公司来了个女孩。她爸爸是公司的大客户，不用老板说，所有人都知道怎么回事。

她打扮得酷酷的，每天开着跑车来上班，最爱做的事情就是不懂装懂，要么在这个同事后面指指点点，要么在那个设计师面前班门弄斧。她啥事都不干，到点就走。我们这些广告狗经常熬夜甚至通宵都没喊苦，这个大小姐，一天到晚在办公室喊累。

当时，公司有很多年轻姑娘和小伙子，老板为了让大家安心工作，其实是方便加班，就在公司附近租了宿舍。

有一回，她来大姨妈弄脏了裤子，嚷着要我陪她去宿舍，让我拿裤子给她换。我那时候才刚从学校毕业，一共就只有三套衣服，一套洗了未干，一套在自己身上穿着，所以，就拿了剩下的那一套给她。

那是一条淑女式长裙。买时我想不仅平日能穿，上班的时候，在外面套个小外套，也勉强算是正装。但姑娘说，这不是她的风格，让我再换一套。我犹豫再三后跟她说，我没有衣服了，就这一条，还有一套洗了未干。

她一听就生气了，说我小气抠门。我跟她解释真没有。她不信，气冲冲地打开了我的衣柜，看到偌大的衣柜里只挂着几件校服时，用难以置信的语气说："你是姑娘吗？人家姑娘都是几橱子衣服，你这也忒寒酸了吧！你是贫民窟来的吗？"

我清晰地记得我当时的心情，开始是一种被羞辱想哭的感觉，但随即我就认定自己没错，她是名副其实的寄生虫，我靠自己本事挣钱，她有什么资格看不起我？

我想大声吼她，但我没有。因为我想起了一句话：不要选错了表达的对象。

她怎么能理解我的处境呢？出身富庶、受到良好教育、从小衣食无忧的富家大小姐，她怎会知道我在经济上的捉襟见肘。

03

茨威格在《一个女人一生中的24小时》中说："我个人最感兴味的是了解别人，而不是审判别人。"

这世上从来没有一个人的人生路是完全相同的，毕竟不是人人都能衔玉而生。人与人的起点，从出生开始就没得选，但"同理心"却是后天习得的，认识自我，包容他人，做事讲道理、说话有分寸，才能在人际交往和沟通对弈中赢得胜算。

很喜欢蒋勋的一段话："在这世上，如果有一个人是你关心的，那你就为他做一点儿事，给他一点儿温暖。当他忧伤时，让他靠着你的肩膀，这绝对是最重要的幸福感来源。"

人活一世，纵然是陌生人，即使不给温暖和关心，但也别流露你的冷漠和恶毒。坐拥时光一隅，若以感恩之心看待万事万物，方可不惊不扰，无悔于心。这才是大福，不是吗？

愿你戎马半生，依然谦虚低调，历尽千帆，归来仍少年。

好姑娘就是要活出自己的样子

01

几年前，采访过一位画家。她有着让大部分女人羡慕的标签：千万富翁的夫人，拥有自己的工作室，做着自己喜欢的工作。

然而，她不快乐。尽管她穿着旗袍，画着精致的妆容，行为举止都极其优雅，但她眼神中的那种虚空感，还是泄露了她的疲惫。

她的画，大块大块的浓墨重彩，红如罂粟，绿如春水，却少了些涌动。采访时，她频频看手机，像是在焦急地等待着某人。

我问她："是不是有要事处理？"

她摇摇头，有点儿惆怅地说道："也不是，我在等我丈夫的电话，他是个工作狂，工作起来常常忘记时间，忘记我更是常有的事情。"

她活得并不快乐，这和我预想的很不一样。我以为女画家多轻盈欢快。但她不，后来看了她的文章后，才了解她患过抑郁症，她的文字如同她的画，总是过于厚重。

可是，现在的她，忽然换了个画风，文字了有了灵动，色彩里有了春意，眼神里也有了生机和星辉。

她离婚了。她舍弃了大多数人羡慕的富裕生活，舍弃了那个天天除了工作，还是工作的男人。

她现在的先生，虽然没有家财万贯，只是个普通的工薪阶级，但却是个会生活的男人，他愿意陪她一起逛菜市场，在红椒绿蔬、肥鸭瘦肉里挑挑拣拣；愿意陪她一起追逐春色，不会再辜负造物主的美意；乐意陪她游山玩水，再也不用将周末也过成工作的战场；愿意下厨，做她最爱吃的粉蒸肉，意面，南瓜饼，还有麻婆豆腐；愿意饭后陪她在小区溜达，而不是守在工作台，没完没了。于她，男人能立业当然好。但当立业的男人，变成了完全不懂生活的机器人，又有什么好呢？

工作狂的男人，会将五彩缤纷的春色，转化为冷酷飞雪似的寒冬，没有一丝温度。

对于他们来说，方便面和速食餐才是最具效率的食物，花半天去买菜做饭那是浪费时间的事情；对于他们来说，床才是最温柔的故乡，跋山涉水去看山谷里的山花烂漫，那绝对是在浪费时间。

她实在是熬不过那种清冷，受不了凑合，所以终究还是舍了锦衣玉食的生活，选择了烟火人生。

想来也是，身上有烟火气的男人，会生活，有暖意，像魔术师般，能在命运的暴风骤雨里变出彩虹，让生活不至于陷入寒冷的冰窟。

至少，现在的她，状态是越来越好了。

02

我的闺蜜L和她老公是让人羡慕的青梅竹马。他俩从小一起长大，他是才子，她是佳人。他是出了名的书呆子，是条沉浸在书里的书虫，他也是小城里远近闻名的高考状元。

在L的眼里，他才华横溢，无所不知，上至宇宙乾坤，下至地质岩浆层，没有他不知道的事。

L一直是仰望着他的，因为这种仰望，她心甘情愿地宠溺着他。她选择和他在同一座城市读大学，每个周末跑去帮他洗那攒了一周的衣服，帮他收拾书桌，买生活用品。

毕业后，L毫无悬念地嫁给了他。

虽然大家都羡慕L，但在一起生活之后，L才发现，在他的世界里，她远不及他的书重要。他一天到晚都在看书，起床、下班回家、睡前、周末、假期，都在看书……L开始嫉妒那满屋的书，甚至都想让自己变成一本书，这样才能让他整天捧在手里，爱不释手。

L想，他眼里是没有她的，因为，他总是看不到，他看不到她变着花样用尽心思的为他做美食；他看不到她，今天是穿了红裙子还是穿了绿衣衫；他看不到她在他的书桌前悄悄地放了一枝睡莲；他看不到她在阳台上精心布置的层岚叠翠，以及那些枝枝蔓蔓的绿植。

L的锦绣心，在他那儿一文不值。L拉他去散步，不去；周末拉他去爬山，不去；拉他去旅游，更加不去。

"每天就知道看书？不是木头人是什么？"

"我一直都这样，你难道不知道吗？"

是的，L以前知道。只不过，以前她眼里的才子，现在变成了她眼里的木头人。

婚姻，毕竟是两个人生活的主战场，而不是一个人的走秀场。当一个人沉浸在自我追逐的放纵里，另一个人的心要如何安放？

L也曾一度放纵自己，不关心生活，天天穿同一件睡袍，不梳头发，不洗脸，不再照顾家里的绿植，他居然也没觉得有什么不妥。

这让L很崩溃，生活若是变得这般无趣，那活着又有什么意思？所以，L最终还是舍了那十几年的感情，舍了那赫赫有名的大才子老公。

于她，她需要的不过是一个能和她一起过烟火人生，享受生活过程的人。

03

这让我想起了李烈和音乐教父罗大佑。李烈也曾是罗大佑的贴心女友，她安排他的生活，照顾他的生活，甚至是迁就他的生活习惯。

说个细节，罗大佑睡觉要放最大声的《歌剧魅影》，而李烈则需要在安静的环境中入睡。强势如罗教父，他会生气地说："如果我一个人的话，就没人管我了。"一段时间之后，李烈便被训练到音乐再大声都可以入睡的地步。

专注于理想的罗大佑，疯狂起来，是一个不但忽略生活本身，还会忽略身边人的狂人。罗大佑曾说："我的生命就是写歌，这个生命已经不属于我一个人了。我习惯在三更半夜一个人听音乐，然后自己睡觉，有时是爵士乐，有时是小喇叭，我在写歌的时候，需要一个安静的环境，但是身边多了一个人之后，这种创作氛围很难维持。你可以闭上眼睛不看，但是耳朵却不可以不听。"

罗大佑对生活的忽视，冲淡了李烈对他的爱意。等到他想结婚时，李烈已经心灰意懒，教父事后坦承自己的确有些对不起她，但又强调"配偶真的会影响创作"。

其实，他想表达的应该是：生活本身真的会影响创作。

想来，一个把创作当成生命的人，一个忽略生活的人，真的不宜与其一起生活。

后来的分手，很决绝，李烈说："他的浪漫都放在了歌里，我的浪漫都演戏演掉了，他对我来说是陌生人，我想我们以后是不会再见了。"

04

我叔叔是我见过的最会生活的男人。我叔叔是个木匠，他有着自己的生活美学，并且痴迷于生活本身。

什么叫痴迷于生活本身？

大概就是，金圣叹临刑前仍不忘托付刽子手告诉自己的大儿子："咸菜与黄豆同吃，大有胡桃滋味，此法一传，我无遗憾。"

我叔叔心灵手巧，他总能用废木头、竹子做成各种家居及装饰品；他能种出满园的蔬菜瓜果；也会偶尔下厨给家人露一手他的厨艺。

也许是因为我的父母亲总是在奔波忙于挣钱，始终不肯停歇享受生活，用心生活。所以，我由衷地欣赏我的叔叔。看叔叔婶婶一起泡脚，聊孩子，说工作，那琐碎的油盐生活里竟然有了别样的浪漫和饱满的诗意。

婶婶过得很幸福，她要的也只不过是在孩子们睡着以后，一起分享一只柚子的喜悦。

在叔叔的手心里，日子都变得缓慢，光阴变得娴静，不会有争吵，是最理想清明的生命状态。

女人要的，其实真的不多。车子、房子、票子虽好，最后都抵不上一个懂生活、会生活的男人。

五光十色的世界里，在外忙碌打拼已经很不容易了，谁愿意回到家还面对一个不懂生活的机器人呢？

05

嫁一个人，就是嫁一种生活方式。

嫁一个懂生活的男人，日子才会过得热气腾腾，婚姻才会有滋有味。

有人问林徽因，为什么没有选择徐志摩，林徽因说："诗人的生活不是每个人都享受得起的。"

大概她心底也认为，诗人多不食人间烟火，而她要的是一个会生活的男人。

因为懂生活的男人，才能将生活真正地落地，他懂得放慢脚步，懂得收放自如，懂得爱自己，爱别人。女人在这样的男人面前，才能舒展自我，舒展身心。

一个女人最幸福的时候，莫过于深夜醒来，推醒身边的爱人："喂，窗外的白玉兰开花了。"而对方也和你一样欣喜，披衣一起出门迎月赏花。

真正聪慧的女子，懂得自己想要什么样的生活

01

同学聚会，私底下肯定少不了暗暗攀比。男同学攀比谁混得好，女同学比谁嫁得好。当然还有一种更新潮更高级的攀比，那就是哪个女生容颜不老，颜值与事业双丰收。

有女生事业风光，容颜因为保养而依旧楚楚动人，大家都围着她取经，事业经、颜值经、爱情经、男人经……好不热闹。

相比之下，当年的班花级人物阿芬，似乎不像从前那般受欢迎了。当年的阿芬不仅人长得美，学习也总是年级前三，若说工作能力，她在学生会的那几年，可谓是风生水起。更了不起的是，她在艺术欣赏和色彩搭配上也有一种不可多见的天分。

当年，不管是男生还是女生，总爱围着她叽叽喳喳。女生喜欢

向她咨询穿衣打扮，男生则被她的穿衣打扮和她乐观的性格所吸引。她那时候爱写空间，所以她的空间非常热闹，线上线下她都像女神一样闪闪发光。

但如今，当年的班花似乎有点儿发胖，鱼尾纹也悄然爬上了眼梢。唯一不变的是，她还是那么爱笑爱说。不过，这笑声再也没那么多人围观。

女人们在卫生间议论"阿芬真的不值，一毕业就结婚了。当年，我们还认为我们这群女生中，最后最有出息的一定是阿芬，她一定会有一番自己的事业。没想到她那么早就嫁人了，白白浪费了她那么好的才华。"

"女人嫁得好也是本事啊。不过，听说阿芬的老公很一般啊，既不是富二代也不是官二代，就是朴朴实实的人民教师。"

……

说到底，女人羡慕女人，一是羡慕她混得好，二是羡慕她嫁得好。但也有例外，比如阿芬，我就非常羡慕并欣赏她。

虽然被同学议论纷纷，她却十分淡然，该聊天的时候聊天，该自处的时候自处。问她："放弃事业步入婚姻，是否有遗憾？"

她答："养孩子也是事业啊，如今两个孩子健康成长，这让我觉得非常有成就感。而且，我也乐在其中。"

她没有言不由衷，看她的朋友圈就可以看出，她的确是一位和孩子们一起疯玩的孩子王。

今天带着孩子做各种卡通饼干，明天带着孩子做蛋糕，后天带着孩子一起做手工。没事的时候，还会用毯子把两个孩子装扮成美人鱼，或用蔬菜水果为孩子装扮各种造型，然后拍照留念。有时还会拖着两个孩子逛服装店，在咖啡馆坐着看书，或一个人带着两个孩子去旅行……

看她的朋友圈，觉得她的生活比职场女性还要精彩。

她说："以前我也焦躁过，想着要一边带娃，一边去实现自己的事业梦。后来，二宝来了，我便彻底斩断了去追寻事业的想法。实际上，带孩子和释放自我，并不矛盾，比如，我想画画，那么，在和孩子们玩时就多画画好了。我喜欢摄影，这两个孩子就是我最好的模特。而等到老公寒暑假，我们还可以一家人出游，真是非常美的事情。"

02

民国时期，有个放弃自己事业投身婚姻的奇女子，她叫杨步伟。

杨步伟原本有一个秀气十足的名字，叫作兰仙。她有个小名叫传弟，因她自幼就过寄给无子的二叔，家人希望她能给二叔家带去一个弟弟。入学堂后，祖父给她取了个学名叫韵卿。

她的祖父是鼎鼎大名的金陵刻经处之创始人杨仁山先生。"步伟"这个极具男性特点的名字，是同学林贯虹为她起的。林说："你这人将来一定伟大的，叫步伟吧。"后来林贯虹得传染病去世，为了纪念故人，杨家小姐便舍去了她原来的名字"韵卿"，改叫步伟。

"我脾气躁，我跟人反就反，跟人硬就硬。你要跟我横，我比你更横；你讲理，我就比你更讲理。"这是杨步伟的个性签名。

"我就是我，不是别人。"

从小，杨步伟就离经叛道，演绎"我就是我"的烟火。

16岁时，她自己拟了一封退婚信："日后难得翁姑之意，反贻父母之羞。既有懊悔于将来，不如挽回于现在。"她以不屈的抗争换回了自由。这场胜利使她感到，"有生以来到现在第一次我才是我自己的人"。

22岁时，杨步伟被请去当了"崇实女子中学"校长，她把学校管理得井然有序，轰轰烈烈，还坐镇指挥平息了一场士兵哗变。

29岁时，杨步伟在日本女医学校获得医学博士学位，回到国内，和同学李贯中在北京西城绒线胡同开办了一家森仁医院，只设妇产科和小儿科，成为我国第一代西医妇产科医生和第一位女性医院院长。

私人医院正如火如荼，赵元任出现了。赵元任的出现让医院合伙人李贯中吃醋并和她生出嫌隙，她给杨步伟两条路挑，第一条就和赵断绝往来，第二若不照行，她立刻停办医院，人家问起来就说医院是杨步伟闹关的。

杨步伟选择了后者，为此付出了一生中最大的代价——放弃自己的医疗事业。

"虽然得着这样一个人爱我，也是我一生幸福，可是我的事业正在一天一天往上兴旺起来的时候，忽然中止了，嫁人，我也真觉得难受和两难。"

最终，32岁的杨步伟嫁给了29岁的赵元任，一桩美满姻缘颠覆了一个女人的奋斗。

嫁给赵元任后，她不再经营医院，成为一名家庭主妇。回顾她的一生，婚后最大的标签与成就是赵元任的妻子、医生、看护、女管家，管辖里里外外的杂事。当然，她也会时时觉得遗憾，不能忘怀"步入伟大"的责任。

大女儿赵如兰回忆："1938年父亲决定再去美国，我和父亲都是最高兴去的，而母亲却非常伤心地痛哭了一场，因为她知道这次到美国以后，再要继续办她的事业，机会是更少了。"

"在我看来，母亲的一生，整个说来，是一个爱情故事。像她这样一个从小闹革命长大的，结果放弃了一切，跟着父亲，照顾他，帮他成全了他的事业，这年头像这样的人越来越少了。"

杨步伟最终定居在美国，做了家庭妇女，一生幸福，也一生抱憾。她出版了回忆录《一个女人的自传》《杂记赵家》等，还按英语体例写了一本《食谱》，在欧美各国广受欢迎，并出版了《中国妇女历代变化史》。但所有的热闹都与她的医生本行无关。

1971年，杨步伟与赵元任走入金婚，杨步伟赋诗一首："吵吵争争五十年，人人反说好姻缘。元任欠我今生业，颠倒阴阳再团圆。"

元任欠我今生业。想来，杨步伟也会以婚后没能投身事业为憾。但回顾她的一生，却也是大放魅力色彩的。婚后，她虽然没有从事自己喜爱的事业，但并没有妄自菲薄，在丈夫的名誉下活得唯唯诺诺，而是活得兴趣盎然，在各方面都释放出兴致勃勃的活力。

看杨步伟的《杂记赵家》，觉得杨步伟应该属于贪玩的射手座，是人生玩家。人生玩家一生都会有"玩"的态度，哪怕是育有四个女儿，哪怕是经济困难时期，她也没有将生活弄得苦兮兮。

在美国缺钱时，她不但自己熬夜做手提包卖，也常跟房东太太（哈佛哲学教授夫人）去捡蔬菜批发商店倒在路边的菜和水果，还典当和出售自己的皮货。

她浑身都洋溢着热情和充沛的活力。读她的《一个女人的自传》，我眼前仿佛浮现一个女版的"钟跃民"，即使是要饭也是件十分充满乐趣的事。她开玩笑说："不管是哪一国，嫁了一个教授，都是吃不饱饿不死的。"

后来，经济好点，赵元任与杨步伟两个玩家一相逢，便满世界玩儿。光是黄山，就去了好几次，欧美大陆，也漫游了四次。杨步伟八十岁的时候，夫妻俩还驾车去漫游欧洲呢。

张爱玲曾在"爱憎表"上写，生平最恨"一个有天分的女子突然结了婚！"

一个有天分的女子突然结了婚，人们补脑画面：一个明媚少女忽然变成为柴米油盐奔波的少妇，不再可爱，甚至因为唠叨而变得面目可憎，仿佛是下了地狱；一个才华横溢的女人忽然结了婚，甚至是放弃事业，做了全职太太，那更像是"发疯"行为，说不定这世界上少了一个居里夫人般有所作为的伟大女子。

杨步伟读到医学博士，婚后甘愿放弃一切，做全职太太……

用现代女性思维来看，杨步伟式的付出，是十足的冒险。倘若，这个你为之放弃事业的男人，是个见异思迁，是个忘恩负义的人。到头来，不是空辜负了天分，徒添了风霜？

可是，总有不一样的风景。

有天分的女子嫁人了，依旧有谋得一方天地的，如居里夫人；有因人格魅力而人生大放异彩的，如步伟；也有因本性追求丰富，使生活闪闪发光的，如我的同学阿芬。

就如赵如兰所说："这年头像这样的人越来越少了。"